国家级一流本科专业建设成果教材

腿足机器人
运动控制原理
与
仿真实践教程

陈 腾　荣学文　李 彬　编著

U0385114

化学工业出版社
·北京·

内容简介

本书按照关节、单腿、机器人整机的顺序系统性地介绍腿足机器人运动规划、建模控制等内容。全书内容被精心设计成多章，每章都包含知识和仿真实验两个部分：知识部分，从基础的运动学建模讲起，逐步深入到 PID 控制、SLIP 模型控制、模型预测控制（MPC）、全身动力学控制等腿足机器人先进的控制方法；仿真实验部分，每个工程项目提供了详细的指导，包括 Webots 环境的熟悉、机器人模型的搭建、控制器的创建以及仿真验证调试等。通过本书的学习，读者能够系统地掌握腿足机器人运动控制的基础理论和关键技术，并通过仿真实践提升机器人自主运动等方面的专业技能。

本书是高等院校机器人工程、机械电子工程等专业的教材，同时也适合从事机器人研究的相关人员阅读。

图书在版编目（CIP）数据

腿足机器人运动控制原理与仿真实践教程 / 陈腾，荣学文，李彬编著. -- 北京 ： 化学工业出版社，2025.1. -- ISBN 978-7-122-46625-9

Ⅰ．TP242

中国国家版本馆 CIP 数据核字第 20241Y64G1 号

责任编辑：金林茹　　　　　　　装帧设计：张　琳
责任校对：王　静　　　　　　　装帧设计：王晓宇

出版发行：化学工业出版社
　　　　　（北京市东城区青年湖南街 13 号　邮政编码 100011）
印　　装：高教社（天津）印务有限公司
787mm×1092mm　1/16　印张 13　字数 289 千字
2025 年 3 月北京第 1 版第 1 次印刷

购书咨询：010-64518888　　　　　售后服务：010-64518899
网　　址：http://www.cip.com.cn
凡购买本书，如有缺损质量问题，本社销售中心负责调换。

定　　价：49.80 元

随着科技的不断进步，机器人技术已成为推动现代工业发展的重要力量。在众多机器人类型中，腿足机器人因其在复杂环境中具有卓越的适应性和灵活性，受到了学术界和工业界的广泛关注。腿足机器人的设计和控制是一个多学科交叉的领域，涉及机械工程、电子工程、计算机科学和人工智能等多个学科。为了培养能够适应未来机器人技术发展的专业人才，山东大学机器人工程专业开设了"智能机器人综合实践Ⅰ"课程，本书正是在这一实践课程的基础上编写而成的，旨在为机器人工程专业的本科实践教学提供一本全面的教材和实验指导书。

　　本书是山东大学机器人工程专业教学团队多年教学经验和科研成果的结晶。在"智能机器人综合实践Ⅰ"课程的教学过程中，我们发现学生对于腿足机器人运动控制的理论知识和实践技能有着迫切的学习需求。为了更好地满足这一需求，我们编写了这本既包含核心理论知识，又提供丰富实践指导的教材。本书的编写过程中，我们注重以下几个方面。

　　① 理实结合：每一章都分为知识和仿真实验两个部分，使学生能够在理解理论的基础上，通过实践加深理解。

　　② 由浅入深：内容安排上，从基础的运动学建模开始，逐步过渡到复杂的控制算法，使学生能够循序渐进地掌握知识。

　　③ 学科交叉：考虑到腿足机器人设计的多学科特性，本书在内容上跨越了多个学科，以培养学生的交叉学科思维。

　　④ 易于教学：为了使本书能够更好地服务于教学，我们制作了一系列配套教学资源，包括课程 PPT 以及 Webots 仿真工程示例。通过每章详细的 PPT，帮助学生更好地理解内容；通过提供仿真环境中的工程示例文件，使学生可以直接在 Webots 中观察机器人的运动效果；为每个实验提供明确的实验目的、步骤和预期结果，使学生能够有目的地进行实验。这些资源为有需求的学校开设相关课程提供了便利，教师可以根据本书的内容和提供的资源，设计和组织教学活动。

　　希望本书能够成为腿足机器人爱好者和相关专业学生的良师益友，帮助他们在机器人技术的学习和研究道路上迈出坚实的步伐。同时，我们也期待读者的反馈和建议，以便我们不断改进和更新内容，以满足教育和行业的最新需求。

最后，感谢所有参与本书编写、审校和提供意见的师生和专家。由于笔者水平和经验有限，书中疏漏之处在所难免，敬请读者指正。

编者

扫码获取配套资源

第1章

Webots环境熟悉与
简单模型搭建

扫码获取配套资源

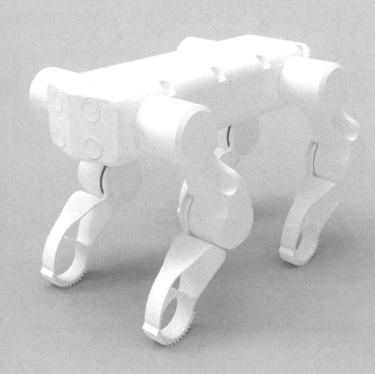

本章介绍 Webots 安装及仿真软件相关内容，让初学者对这个环境有一个直观认识。首先，介绍 Webots 安装及软件功能模块；然后，通过搭建一个简单的平面三关节（自由度）机械臂模型，了解最基本的机器人构建方法；最后，创建一个控制器，通过键盘指令方式控制机械臂三个关节运动，通过修改关节 PID（比例-积分-微分）参数对基本伺服运动控制建立基本认识，掌握 Webots 仿真软件建模控制全流程框架。

1.1
Webots 环境与模型搭建知识部分

该部分首先介绍运行环境 Ubuntu 系统、Webots 软件等的安装方法，然后介绍 Webots 的基本使用方法，包括界面介绍、功能介绍、控制器设计等。由于 Webots 2022 以后版本中更新了坐标系和机器人模型描述方式，与之前版本不再兼容，为此推荐用 Webots2023B 版本。

1.1.1 Webots 安装

1.1.1.1 在 Linux 上安装

Webots 将在 glibc2.11.1 运行或更早版本的最新 Linux 发行版上运行，这包括 Ubuntu，Debian，Fedora，SuSE，RedHat，等等。Webots 包含三种不同的软件包类型：.deb（Debian 软件包），.tar.bz2（tarball 软件包）和.snap（快照软件包）。Debian 软件包针对的是最新的 LTS Ubuntu Linux 发行版，而 tarball 和快照软件包包括许多依赖库，因此最适合在其他 Linux 发行版上安装。所有这些软件包都可以从官方 GitHub 存储库中安装，主要有以下几种方法。

（1）使用高级打包工具（APT）安装 Debian 软件包
此安装方法的优点是 Webots 将随系统更新自动更新。安装需要 root 特权。首先，应使用 Cyberbotics.asc 签名文件对 Webots 进行身份验证，可以使用以下命令安装该签名文件：

```
wget -qO- https://cyberbotics.com/Cyberbotics.asc | sudo apt-key add -
```

然后，可以通过添加 Cyberbotics 存储库来配置 APT 软件包管理器。只需执行以下命令：

```
sudo apt-add-repository 'deb https://cyberbotics.com/debian/ binary-amd64/'
sudo apt-get update
```

或者，可以从 Software and Updates 应用程序中添加 Cyberbotics 存储库。在 Other Software 选项卡中，单击 Add...按钮并复制以下命令：

```
deb https://cyberbotics.com/debian/binary-amd64/
```

关闭窗口时，应自动更新 APT 软件包列表。如果没有，需要手动执行以下命令：

```
sudo apt-get update
```

然后使用以下命令进行 Webots 的安装：

```
sudo apt-get install webots
```

（2）直接安装 Debian 软件包（推荐方式）

此过程说明如何直接从 Debian 软件包（具有.deb 扩展名）中安装 Webots，而无需使用 APT 系统。与 APT 系统不同，每次要升级到 Webots 的较新版本时，都必须手动重复此操作。

在 Webots 官网的 GitHub 下载最新版本（当前最新版为 2023B）的 Debian 软件包：

```
https://github.com/cyberbotics/webots/releases/tag/R2023b
```

在 Ubuntu 上使用 apt 或 gdebi 方式进行安装：

```
sudo apt install ./webots_2023a-rev2_amd64.deb
```

或者：

```
sudo gdebi webots_2023a-rev2_amd64.deb
```

或者在 Ubuntu 系统中双击 Debian 软件包文件，使用 Ubuntu Software App 打开它，然后单击 Install 按钮。如果已经安装了 Webots 的早期版本，则按钮上的文本可能会不同，例如 Upgrade 或 Reinstall。

（3）安装"tarball"软件包

无需 root 特权即可安装此软件包，可以使用 tar xjf 命令行在任何地方将其解压缩。一旦解压缩，建议将 WEBOTS_HOME 环境变量设置为指向 Webots 从解压缩 tarball 获得的目录即可。

Webots 下载网站：

```
http://www.cyberbotics.com/
```

系统会根据当前使用的操作系统选择匹配的版本，点击 Download 后下载后缀为.tar 版本，如

```
webots-R2023b-x86-64_ubuntu-18.04.tar.bz2
```

到期望的位置解压文件：

```
tar xjf webots-R2021a-x86-64_ubuntu-18.04.tar.bz2
```

配置 WEBOTS_HOME 环境变量为指向 Webots 解压缩的目录：打开/etc/profile 进行

编辑，在最后添加：

```
export WEBOTS_HOME=/home/username/webots
```

其中的/home/username/为每个人电脑上的用户名路径。

（4）下载安装 assest 资源文件

如果打开新安装的 Webots 后显示区域为黑屏，就是没有相应的天空、地板、背景、灯光等模型，此时会弹出窗口显示要下载相应的资源文件，如果网络可直接访问 Webots 网站，则仅需要等待下载完成即可。如果无法直接联网自动下载，则需要自己手动下载，否则 Webots 中自带的很多场景和模块无法使用。Webots 软件安装完成后自行在 Webots 的 GitHub 下载：

```
https://github.com/cyberbotics/webots/releases/tag/R2023b
```

下载对应的 assest 文件，如 Webots2023B 版的 assets-R2023b.zip，并将其解压到：

```
~/.cache/Cyberbotics/Webots/assets/
```

注意.cache 文件夹是隐藏文件，通过界面找不到它，需要通过 move 指令来将解压缩的文件复制过去：

```
mv -p /path/to/source_folder / ~/.cache/Cyberbotics/Webots/assets/
```

1.1.1.2　在 Windows 上安装

从官网下载"webots-R2023b-rev2_setup.exe"安装文件。双击打开并运行安装程序，或者可以通过键入以下命令从管理员命令行静默安装 Webots：

```
webots-R2023a-rev2_setup.exe /SILENT
```

或者

```
webots-R2023a-rev2\_setup.exe /VERYSILENT
```

安装后，如果发现 3D 渲染异常或 Webots 崩溃，强烈建议升级图形驱动程序。

1.1.1.3　在 macOS 上安装

从官网下载"webots-R2020a-rev2.dmg"安装文件。双击该文件，将在桌面上安装名为"Webots"的卷，其中包含"Webots"文件夹。将该文件夹移动到"/Applications"文件夹中，或将其安装到任何地方。

1.1.1.4　代码编辑 IDE 安装

具有代码补充、格式调整等高效代码管理功能的 IDE（集成开发环境），如 VSCode、CLion、Qt 等，可以很大程度上提升机器人控制器代码效率，方便进行代码编辑。在 Ubuntu 系统下软件的安装有多种方式，下面以 VSCode 为例介绍。

（1）下载软件包安装

VSCode 官网下载地址：https://code.visualstudio.com/Download。下载 .deb 文件格式的软件包，安装过程和 Webots 一样：

```
sudo apt install ./<file>.deb
```

或

```
sudo dpkg -i <file>.deb
```

（2）通过指令安装

Ubuntu 下软件通过资源库管理，将 VSCode 更新到资源库后，可以直接进行安装。由于软件包存储库会更新，且有多家资源库可选，所以推荐大家自行搜索软件包系统，下面以微软的软件包为例说明过程：

a. 在终端（terminal）添加 Microsoft 的软件包存储库到系统中：

```
wget -qO- https://packages.microsoft.com/keys/microsoft.asc | gpg --dearmor > microsoft.gpg
sudo install -o root -g root -m 644 microsoft.gpg /etc/apt/trusted.gpg.d/
sudo sh -c 'echo "deb [arch=amd64] https://packages.microsoft.com/repos/vscode stable main" > /etc/apt/sources.list.d/vscode.list'
```

b. 更新软件源列表，输入以下命令并按 Enter 确认：

```
sudo apt update
```

c. 安装 Visual Studio Code，输入以下命令并按 Enter 确认：

```
sudo apt install code
```

d. 等待安装完成后，就可以通过应用程序菜单或者使用 code 命令来运行 VSCode。

1.1.1.5　编译工具 CMake 安装

CMake 是一个跨平台的编译工具，可以用简单的语句来描述所有平台的编译过程，在 Ubuntu 系统下安装 CMake 很简单，通过 apt 安装即可：

```
sudo apt install cmake
```

1.1.2　仿真环境认识

打开 Webots 动力学仿真软件后，如图 1.1 所示，其基本分成几大部分：最左边为模型区域，里面包含自己搭建的机器人模型、地面模型、环境模型等；中间为基于 openGL 的仿真显示区，机器人的仿真运动过程在这部分展示，在仿真显示区上部有仿真功能快捷键，可以控制仿真的开启、暂停、快进、录制视频、截图等；最右侧为控制器代码编辑区，由于自带的代码编辑器功能一般，仅会对简单的控制器使用自带的编辑器写代码，通常在 Windows 下使用 Visual Studio（Webots 新建控制器工程自带 VS 模板），在 Ubuntu 下作为一个 CMake 工程进行管理，可以使用 CLion、VSCode 等编辑软件写代码；最下面为控制台输出区，可显示仿真过程中主动输出的信息，以及软件自动打印的报错、警告等信息。

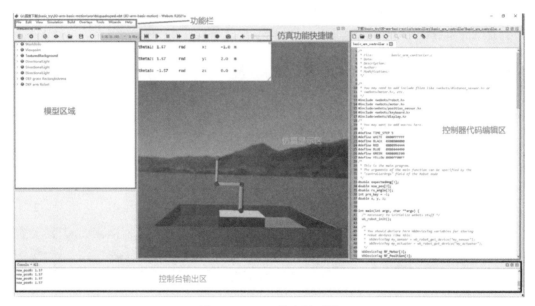

图 1.1 Webots 仿真界面图

1.1.3 机器人模型搭建

要想实现机器人运动控制，首先要有一个被控制的机器人模型，作为入门第一课，我们搭建一个简单的模型，即理想的平面三自由度机械臂模型，如图 1.2 所示，这也是很多《机器人学导论》中用来讲解运动学/逆运动学的经典模型。

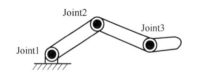

图 1.2 平面三自由度机械臂简化图

1.1.3.1 基本环境搭建

下面我们将在 Webots 仿真环境中利用圆柱体作为简化连杆,利用旋转关节连接各个连杆，搭建出这个机械臂模型。

首先，通过 File 创建一个 New Project Directory，如图 1.3 所示。

按照向导提示首先创建一个工程文件夹，选择文件夹存放位置，然后为这个仿真起一个名字。需要注意的是，在 World settings 中建议添加 Add a rectangle arena，这样创建的环境更加完整。

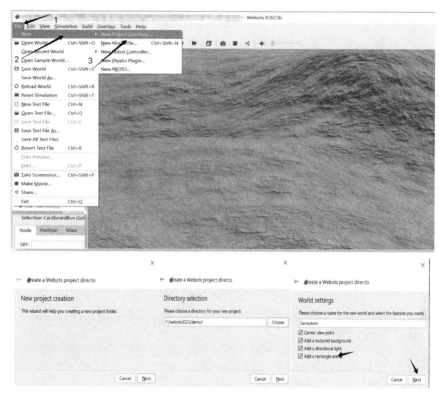

图 1.3　创建新仿真环境过程图

完成后仿真环境可以在模型区域发现，Webots 在创建工程路径时加入了 WordInfo、Viewpoint、TexturedBackground、TexturedBackgroundLight 以及我们勾选的 RectangleArena 五个节点。如果开始没有勾选创建 Floor，则在仿真环境中需要自己添加地面模型。通过加载 Webots 自带模型，如图 1.4 所示，找到任意一种地形点击"添加"。此时仿真环境中应该出现完整的地面、天空以及背景等内容，如图 1.5 所示。

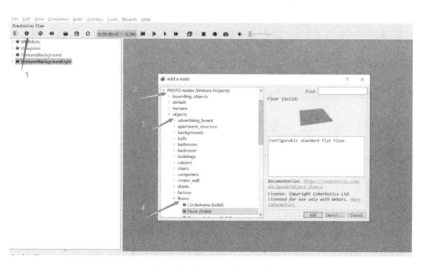

图 1.4　加载地面环境

图 1.5　完整仿真环境

1.1.3.2　基本参数说明

针对当前已有的节点，解释其中的关键参数：

Floor 节点（图 1.6），一般只会用到其中的 size，用来调整地面的大小。appearance Parquetry 用来改变颜色和类型，默认情况下定义好了几种 type，可以通过下拉框进行选择。

图 1.6　Floor 特性

TexturedBackgroundLight 节点（图 1.7），用来调整背景光线和图片，一般使用默认值即可，可自行改变尝试效果。TexturedBackground 与之类似不进行介绍。

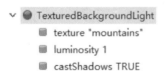

图 1.7　TexturedBackgroundLight 特性

Viewpoint 节点（图 1.8），用来设置仿真运动过程中的视角位置，由于 Webots 可以通过鼠标在仿真界面中进行全向移动与旋转，而本节点中的信息会跟随鼠标运动而更新，所以本节点一般不需要自行修改。

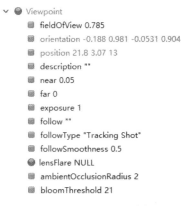

图 1.8　Viewpoint 特性

WorldInfo 节点（图 1.9），内容较多，且对仿真效果有很大影响，这里对其中典型参数进行讲解。

① CFM：约束力混合（CFM）是一个方块对角矩阵。该参数会向待解算线性互补问题中的矩阵增加一个小的正值。

② ERP：误差减小参数（ERP）用于指定在下一个仿真步骤中关节误差将被修复的比例。

③ basicTimeStep：该值表示多少时间仿真执行一步，一般设置为与控制算法的更新时间一致，注意这里默认单位是 ms，即 basicTimeStep=1 表示更新频率为 1kHz。

④ contactProperties：Webots 中通过设置不同属性的接触特性来仿真不同接触属性，比如可以设置地面接触 material1，一个小车轮子的接触面为 material2，则两者之间的库仑摩擦、滑动摩擦、碰撞系数等都可以单独指定。一般情况下，用默认参数仿真出来的效果为常见地面摩擦属性，不用特别修改。

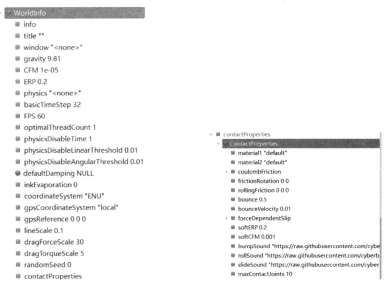

图 1.9　WorldInfo 特性

1.1.3.3 创建机器人

熟悉了基本环境后，开始创建最简单的平面三自由度机械臂模型，Webots 中有很多创建机器人模型的方法，作为入门介绍，我们使用的是最简单的方法。其实 Webots 中的机器人模型可以通过 URDF 转换过来，后续再介绍。

（1）创建机器人底座

首先，选中已有的任何一节点，如 Floor 节点，在它后面创建一个 Robot 节点，如图 1.10 所示。Robot 节点是一个完整机器人的总节点，创建后会看到在这个节点下有很多属性，比如 name、bounding、physics、controller 等。

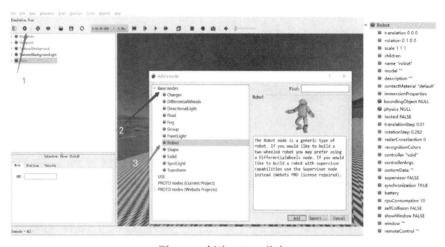

图 1.10　创建 Robot 节点

创建完成 Robot 节点后，在仿真显示界面中并没有出现新的东西，这是因为创建的 Robot 节点还没有添加任何底座、连杆等实体。下面先创建一个底座，在 Webots 中用 Solid 来表示一个有物理属性的刚体（图 1.11）。

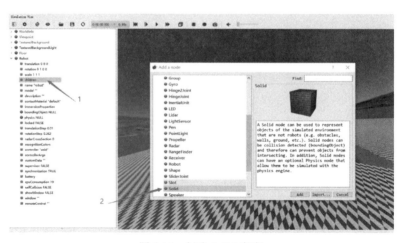

图 1.11　创建 Solid 底座

接着，在这个 Solid 的 children 中创建一个 Shape，选择 Box 作为底座的形状，如图 1.12 所示。

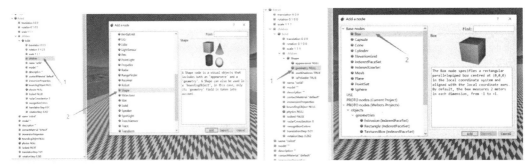

图 1.12　创建 Box 底座形状

创建的这个底座形状当前只是一个形状并没有物理属性，即没有质量和碰撞属性。为了使之成为一个"结结实实"的底座，首先为这个 Shape 赋予一个名字，比如"base"。然后在 Solid 属性中的 boundingObject 上选择 USE 栏中的 base（只有定义过的才会出现在这里）。继而，添加 physics 属性，只需要双击该属性就会弹出默认值。注意其中的 mass 和 density 只能用一种，即如果指定了明确的 mass 则 density 就要设置为−1，否则会根据物体的形状和密度（density）自行计算物体的质量（mass），这里默认让它自己计算质量。顺便提醒，Shape 属性中，可以在 apperance 中修改颜色，在 geometry 属性中修改尺寸大小，如图 1.13 所示。

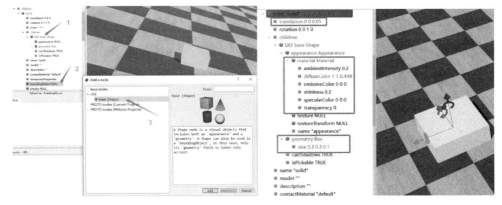

图 1.13　底座赋予物理属性

（2）创建机械臂

我们创建好了机器人的底座，下面就在底座上创建三关节（自由度）机械臂。机械臂的旋转关节在 Webots 中使用 HingeJoint 来表示，在底座 Solid 的 children 节点下创建一个 HingeJoint，如图 1.14 所示，创建后其下有三个属性：jointParameters 是配置参数，里面可以设定这个 Joint 的旋转轴、旋转中心位置等信息；device 是要放置的关节设备，比如这里机械臂是用电机驱动的，所以后面会添加 Rotational Motor，还可以添加刹车、位置传感器等；endPoint 是这个 HingeJoint 的子节点，即这个旋转关节带动的子系统。

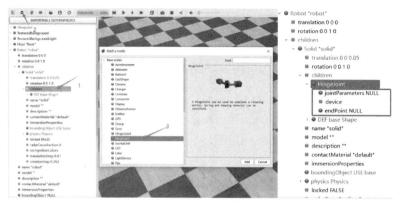

图 1.14　创建 HingeJoint 节点

通过点击导航栏的"+"按钮为 HingeJoint 的 jointParameters 和 device 添加信息，这里在 device 中添加 RotationalMotor，如图 1.15 所示，按照相同方式添加 PositionSensor。虽然这两项中都有很多参数可调整,但此处都保持默认值,仅修改这两个 device 的 name。name 是需要和代码中对应的，我们将 rotaional motor rf1、rf2、rf3 分别指定为 Joint1、Jonit2 和 Jonit3 的电机名。相同的命名方式用在 PositionSensor 上，即 position sensor rf1，rf2，rf3，如图 1.15 所示。

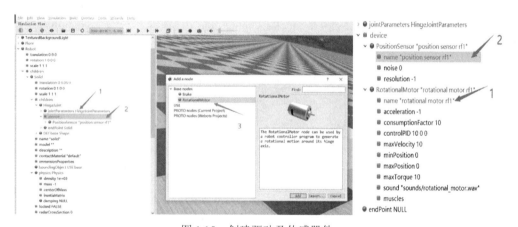

图 1.15　创建驱动及传感器件

下面是这个 HingeJoint 的 endPoint 节点，也设置为一个 Solid，然后在 Solid 的 children 里面添加两组实体：第一组是机械臂的第一连杆，有一个电机驱动这个连杆，用一个短的圆柱表示电机；第二组为级联的下一个机械臂关节 HingeJoint。按照上面逻辑，首先创建第一组中的连杆，这里用一个 0.181m 长，0.015m 半径的圆柱体表示。由于创建的 base 的高度是 0.1m，而 Webots 中所有 Shape 的中心都在指定的位置上，此处希望连杆在 base 上面，避免与 base 碰撞，则首先把这里的 endPoint 的 Solid 位置向上提高 0.07m（大于 0.1m 的一半，也就是 base 高度的一半就可以），这样第一个连杆就显示在 base 上面。与之类似，创建的连杆长度为 0.181m，这个连杆之所以放在 Pose 中，就是为了方便移动它的位置。将 link1 Pose 中的 translation 设置沿 z 方向移动连杆长度一半的距离，则把连杆末端移动到了 endPoint Solid 指定的初始位置，这个位置就是机械臂的根部，对应实际机械臂也就是驱动这个连杆的电机的位置，如图 1.16 所示。

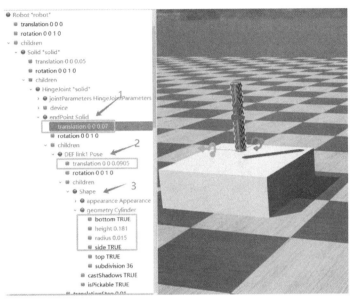

图 1.16　创建第一个连杆

然后创建驱动这个连杆的旋转电机，这里用一个与连杆垂直的圆柱表示，起名为rot1，在 Pose 的 rotation 属性中围绕 z 方向旋转 90°（1.57rad，Webots 中默认单位），则创建了一个虚拟的驱动电机（图 1.17）。

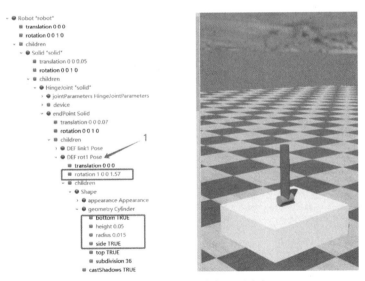

图 1.17　创建连杆的虚拟驱动电机

为了方便给刚才建立的虚拟电机和连杆添加碰撞属性 bounding，添加一个 Group节点，将刚才的 link1 Pose 和 rot1 Pose 包含进去，如图 1.18 所示。然后将这个 Group

起名为 rf_group1，并设定为 endPoint Solid 的 boundingObject，同时给定 physics 默认参数。

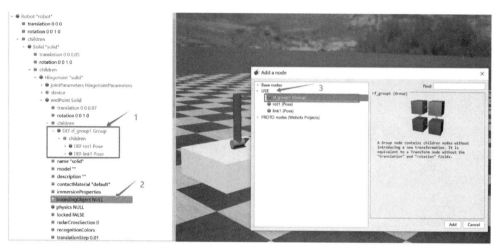

图 1.18　创建连杆组碰撞属性

这样第一组实体就创建完成了，在完成这个 HingeJoint 配置前还有一步，就是配置 HingeJoint 的 Parameters（参数）。首先确定旋转轴 axis。由于建模过程没有改变默认的坐标系方向，即 x 向前，z 向上，y 向右（Webots2023 版本默认的坐标系方向），这里的第一个旋转轴应该是沿着 y 方向；anchor 属性是旋转轴的位置，上面介绍过为了避免连杆和 base 碰撞，将 HingeJoint 原点提高了 0.07m，所以这里旋转轴的位置为[0,0,0.07]，参数设置如图 1.19 所示；此时可以修改 position 来观察旋转方向和旋转轴是否正确，比如指定正方向旋转 0.5rad，在仿真界面查看是否实现正确旋转。

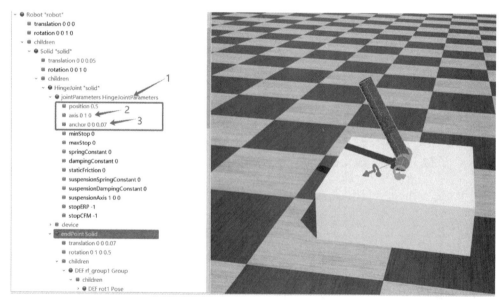

图 1.19　设置旋转轴方向与位置

　　不可避免的是有时候模型复杂，容易忘记旋转轴方向，Webots 提供了实时显示坐标轴功能。如图 1.20 所示，通过仿真界面右下角的坐标系可以有效提示坐标轴，同时 Joint Axes 方向可以查看设定的 anchor 是否正确，当然其中还有很多其他渲染显示的内容，可自行探索。

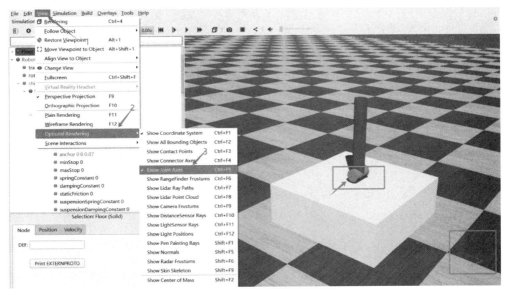

图 1.20　显示坐标轴

　　至此，已经建立好了第一级机械臂，后面两部分与第一级相同，可以通过复制刚才建立的 HingeJoint（比如命名为 arm1），然后粘贴到与 rf_group1 平行的位置，作为这个 HingeJoint 的子节点，如图 1.21 所示。

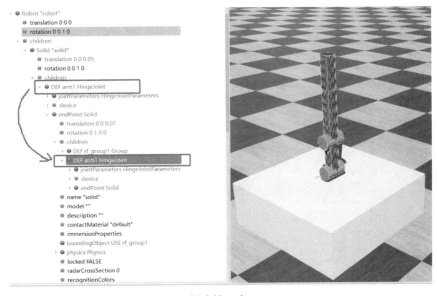

图 1.21　创建第二个 HingeJoint

复制过来后，需要修改的内容包括：名称（HingeJoint 名称、Rotational Motor 名称、PositionSensor 名称、连杆组 Group 名称）、距离参数（anchor 参数、endPoint Solid 位置参数）。为了不同连杆的显示有区别，尽量把连杆颜色改一下，得到如图 1.22 所示模型。

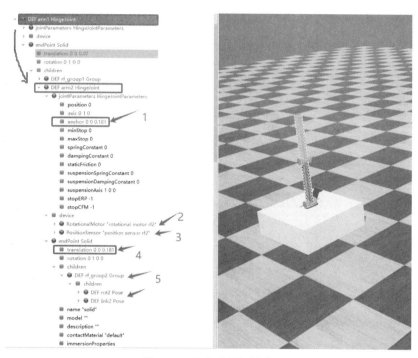

图 1.22　构建两级机械臂

再次重复上述步骤，复制 HingeJoint，然后修改为第三级机械臂，如图 1.23 所示。

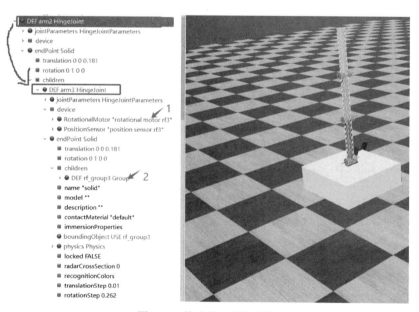

图 1.23　构建第三级机械臂

至此创建完成了完整的三关节机械臂模型，下面将介绍如何创建控制器，实现对这个机械臂的基本控制。

1.1.4　机器人控制器创建

Windows 下创建一个基于 Visual Studio（简称 VS）的控制器，由于 Webots 已经对 VS 做了很好的向导，只需要通过 File→New→New Robot Controller 按照引导创建即可，如图 1.24 所示。这里选择 Cpp 语言开发控制器，其好处是可以混合用 C 语言编写程序，而 Cpp 的输出流等特性方便我们开发，命名为 demo_arm_controller。

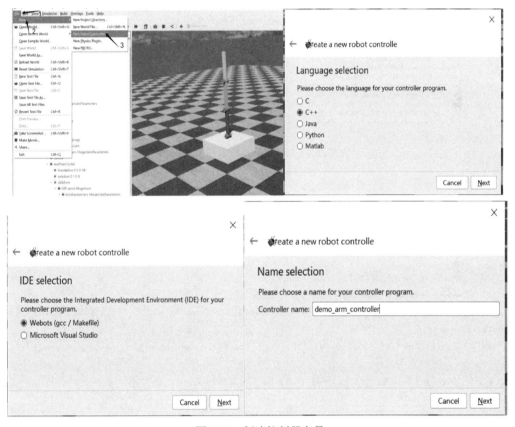

图 1.24　创建控制器向导

随后会在 Webots 的 Edit 栏自动弹出 demo_arm_controller.cpp 文件，接下来要做的就是在里面写控制器。Webots 自带的 Edit 用来开发小工程还是可以的，但工程大了以后管理很不方便，为此直接将其改为 CMake 工程，然后用 VSCode 进行开发。标准的 CMakeLists.txt 配置如图 1.25 所示，完整内容参考本章附录 D。

CMakeLists.txt 中可以分成 6 部分内容：第一部分是默认 CMake 编译需要的最小版本；第二部分指明本工程的名称，我们指定工程名称与控制器设定的名称一致；第三部分为搜索所有 C 和 Cpp 源文件；第四部分链接 Webots 自己的库、头文件路径；第五部分根据源代码编译生成最后的控制器，并链接 Webots 的库；第六部分将可执行的控制器复制到工程目录下，以在 Webots 中可以直接识别到。

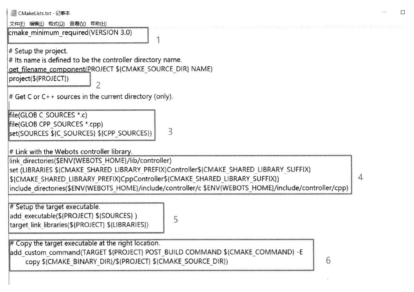

图 1.25　CMake 控制器编译配置图

此处写一个通过键盘控制三个关节运动的控制器，每次收到键盘指令后，关节角度增加或者减少 1.57rad。在创建的 demo_arm_controller.cpp 中，首先要获取 Webots 中建立的机器人模型中的电机和位置传感器，由于三个自由度对应三个电机和三个位置传感器，创建一个三维数据存放电机和位置传感器 device：

```
1.    WbDeviceTag RF_Motor[3]; // 存放电机
2.    WbDeviceTag RF_Position[3]; // 存放位置传感器
3.    const char* RF_MOTOR_NAMES[3] = { "rotational motor rf1", "rotational motor rf2",
"rotational motor rf3" };
4.    const char* RF_POSITION_NAMES[3] = { "position sensor rf1", "position sensor rf2",
"position sensor rf3" };
5.    for (int i = 0; i < 3; i++) //电机和对应的编码器设备
6.    {
7.        RF_Motor[i] = wb_robot_get_device(RF_MOTOR_NAMES[i]);
8.        RF_Position[i] = wb_robot_get_device(RF_POSITION_NAMES[i]);
9.        wb_motor_enable_torque_feedback(RF_Motor[i], TIME_STEP);
10.       wb_position_sensor_enable(RF_Position[i], TIME_STEP);
11.   }
12.   wb_keyboard_enable(TIME_STEP);
```

上述代码第 1、2 行创建数据；第 3 行存储创建模型时指定的电机名称；第 4 行存储创建模型时指定的位置传感器名称；第 5～11 行循环遍历三个关节，分别通过 Webots 的 API 函数 wb_robot_get_device 对应模型中的电机和位置传感器，同时使能电机的力控（虽然这个 demo 中没用到）和位置传感器数据反馈，最后使能键盘数据捕获

wb_keyboard_enable，这是 Webots 自定义的函数，使能后就可以捕获键盘按下的按键信息。

然后在 while 循环中检测键盘输入，根据键盘指令控制机器人关节运动：

```
1.    while (wb_robot_step(TIME_STEP) != -1) {
2.        int key = wb_keyboard_get_key(); // 捕获键盘输入
3.        if (key != pre_key)
4.        {
5.          if (key == 'Q')
6.              expectedAng[0] += 1.570795; // Joint1 增大 90 度
7.          else if (key == 'A')
8.              expectedAng[0] -= 1.570795; // Joint1 减小 90 度
9.          else if (key == 'W')
10.             expectedAng[1] += 1.570795; // Joint2 增大 90 度
11.         else if (key == 'S')
12.             expectedAng[1] -= 1.570795; // Joint2 减小 90 度
13.         else if (key == 'E')
14.             expectedAng[2] += 1.570795; // Joint3 增大 90 度
15.         else if (key == 'D')
16.             expectedAng[2] -= 1.570795; // Joint3 减小 90 度
17.         pre_key = key;
18.       }
19.       // 根据指令实现关节位置伺服
20.       for (int i = 0; i < 3; i++)
21.       {
22.           wb_motor_set_position(RF_Motor[i], expectedAng[i]);
23.       }
24.    }
```

上述代码第 1 行为无限循环，wb_robot_step(TIME_STEP)表示 Webots 会每间隔 TIME_STEP 更新一次；如果更新无误（正常仿真均无误，除非仿真发散了无法更新），第 2 行调用 Webots 的 API 读取键盘输入；第 3～18 行为根据键盘输入信息更新三个关节的期望角度；第 20～23 行为调用 Webots 的 API 函数执行电机的位置伺服运动。

程序编写好后，找到 controller/demo_arm_controller 文件夹，当前里面只有 CMakeLists.txt 和 demo_arm_controller.cpp 两个文件，如图 1.26 所示。

图 1.26　控制器文件图

在当前目录下创建 build 文件夹，并打开 terminal（终端），进行 cmake .. 配置，make -j 编译，编译过程如图 1.27 所示。

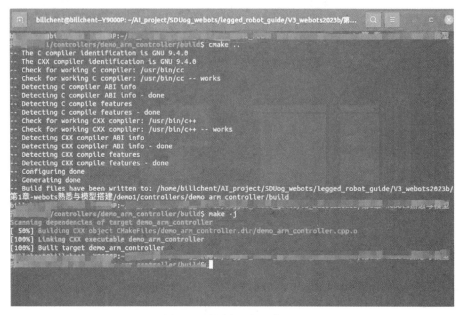

图 1.27　控制器编译过程图

上述代码编译后，如果没有错误，会生成对应创建的工程名称的控制器 demo_arm_controller（图 1.28）。

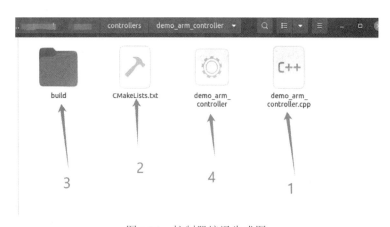

图 1.28　控制器编译生成图

生成控制器可执行文件后，需要在 Webots 中使用这个控制器，具体操作如图 1.29 所示。在 Robot 的 controller 中选择创建的 demo_arm_controller 控制器，保存后就可以进行仿真。

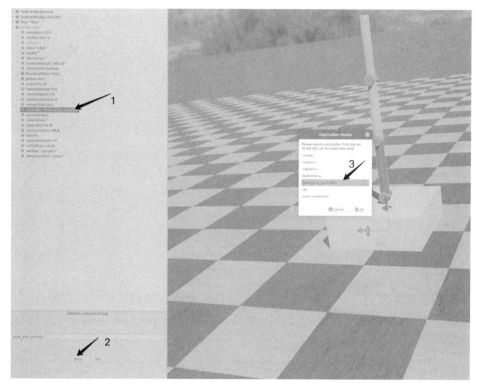

图 1.29　加载控制器进行仿真过程图

1.2
Webots 环境与模型搭建仿真实验部分

1.1 节完成了基本运动控制器搭建，实现键盘控制下的三关节运动。实际机器人控制器构建过程中，搭建完控制器完成基本运动只是第一步，后面需要完善控制器功能、调参实现最优运动性能等。本节以关节 PID 参数调整及机械臂的运动学/逆运动学实验来深入说明运动控制器开发过程。

上述创建机器人模型过程中，每个电机参数都保持了默认值，如图 1.30 所示，其中 PID 参数设置为 k_p=10，k_i=0，k_d=0（k_p 为比例调节系数，k_i 为积分调节系数，k_d 为微分调节系数），最大速度设置为 10rad/s，最大扭矩输出为 10N·m。下面我们通过调 k_p、k_i、k_d 参数观察关节伺服效果来学习 PID 参数整定。Webots 中调整 PID 参数有两种方法：第一种为直接在机器人模型上修改参数，如图 1.30 中直接改 controlPID 参数；第二种为调用 Webots 的 API 函数修改控制器程序中电机的 PID 参数：

```
wb_motor_set_control_pid(WbDeviceTag tag, double p, double i, double d);
```

有些老版本的 Webots 中通过 API 设置 PID 参数不起作用，所以建议在 Webots2021 以后版本上修改 PID 参数进行实验。

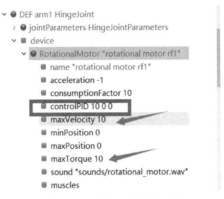

图 1.30　关节电机默认参数

修改 PID 后关节的运动伺服状态需要通过反馈数据来评价，在控制器中首先获取关节当前位置信息，采集关节位置通过调用 Webots 中的 wb_position_sensor_get_value 功能来实现：

```
1.    for (int i = 0; i < 3; i++) // 采集关节位置
2.    {
3.        now_pos[i] = wb_position_sensor_get_value(RF_Position[i]);
4.    }
```

然后与期望的关节角度一起记录下来作为日志，根据日志文件可以绘制跟随曲线，查看伺服效果。为了实现上述内容，需要用到写文件功能，添加头文件#include <iostream>以及#include <fstream>，分别用来实现标准输出流和操作文件。最后通过 ofstream 记录期望和反馈的关节角度。

```
1.    static std::ofstream log("/home/billchent/logdata.csv");
2.        log << now_pos[0] << ",";
3.        log << now_pos[1] << ",";
4.        log << now_pos[2] << ",";
5.        log << ",";
6.        log << expectedAng[0] << ",";
7.        log << expectedAng[1] << ",";
8.        log << expectedAng[2] << ",";
9.        log << std::endl;
```

上述代码第 1 行指定用 ofstream 创建一个 csv 文件，文件的路径自己指定，这里放在了用户目录上，文件名字为 logdata.csv；第 2～4 行分别把当前三个关节位置依次写入文件；第 5 行写入一个分隔符号；第 6～8 行写入期望关节位置；第 9 行实现换行，等待下次再写入新的数据。

仿真结束后，打开记录的日志文件，可以直接用 excel 绘制期望与反馈数据，如图 1.31

所示。这里选中了第 1 列和第 5 列（按照记录顺序分别为实际的 Joint1 位置和期望的 Joint1 位置），通过插入折线绘制出曲线图，当然数据处理最好导入 matlab 或者用 matplotlib 等工具进行更精细的绘图。

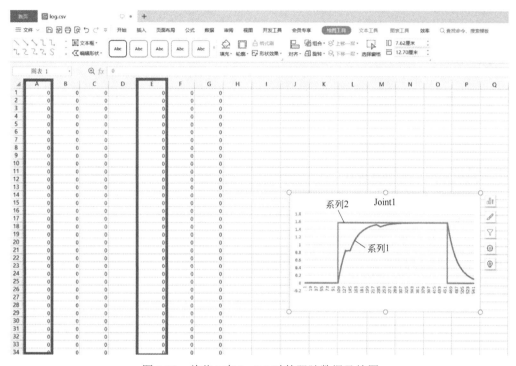

图 1.31　关节 1 在 k_p=0.5 时的跟随数据及绘图

下面选取一个关节，分别修改关节的 k_p、k_i、k_d 值，重复上述实验，绘制关节跟随曲线图，要求分别设置如下 3 组对比实验：

- k_p 分别为 0.1、1、10、50、100，k_i=0，k_d=0；
- k_p=0.5，k_i=0、0.001、0.005，k_d=0；
- k_p=0.5，k_i=0.001，k_d=0、0.001、0.1。

此处需要绘制大量图，单个图像绘制会耗费大量精力与时间，下面给出对记录的多个 csv 文件在 matlab 中一次性绘制所有结果的代码提示。

```
1.    figure(1)
2.    subplot(151)
3.    fpath='C:/Users/Bill_Chen/Desktop/log_kp0.1.csv';
4.    file=load(fpath);
5.    col=1;
6.    ang_now1=file(:,col); col=col+1;
7.    ang_now2=file(:,col); col=col+1;
8.    ang_now3=file(:,col); col=col+1;
9.
10.   ang_des1=file(:,col); col=col+1;
```

```
11.  ang_des2=file(:,col); col=col+1;
12.  ang_des3=file(:,col);
13.  t1=0:0.032:0.032*(length(ang_now1)-1);
14.  plot(t1,ang_des1);
15.  hold on
16.  plot(t1,ang_now1);
17.  title("kp=0.1,ki=0,kd=0")
18.  xlabel('time(s)')
19.  ylabel('theta(rad)')
20.  hold off;
```

上述为matlab的m文件代码,请自行研究各条指令的作用。当然如果有读者对Python熟悉可以调用 matplotlib 批量绘图。

通过第一组实验会得到如图 1.32 所示的四类关节跟随曲线,通过观察分析数据可以得到如下结论:k_p 从 0.1 增大到 1,关节跟随时间从大于 10s 缩短到大于 5s;k_p 增大到 10,时间缩短到大约 2s,关节跟随未出现超调;k_p 增大到 50 时,关节跟随比起 k_p=10 时时间略有减少,但存在超调现象,经过大于 0.2s 后恢复稳定;k_p 继续增大到 100 时,关节跟随开始发散,无法收敛。该组实验说明,PID 调节中 k_p 参数在一定范围内增大可以提高跟随响应速度,但超出范围后会发散;放大跟随效果较好的 k_p=10 对应的曲线,会发现在最后的收敛状态下实际关节角度和期望关节角度是存在误差的,如图 1.33 所示,仅使用 PID 控制率中的 k_p 无法消除静态误差。

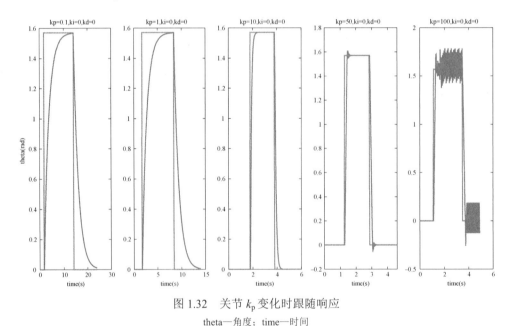

图 1.32 关节 k_p 变化时跟随响应

theta—角度;time—时间

第二组和第三组实验自行仿真、绘图并综合三组实验数据进行结果分析。

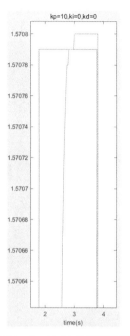

图 1.33　$k_p = 10$ 时关节跟随状态

- $k_p = 0.5$，$k_i = 0$、0.001、0.005，$k_d = 0$。

如图 1.34 所示，k_i 在开始阶段并不体现作用，但最终阶段由于积分作用比仅有 k_p 时更快到达期望位置，但 k_i 参数过大时会造成惯性大，表现为到达期望位置后会超调或者来回振荡。

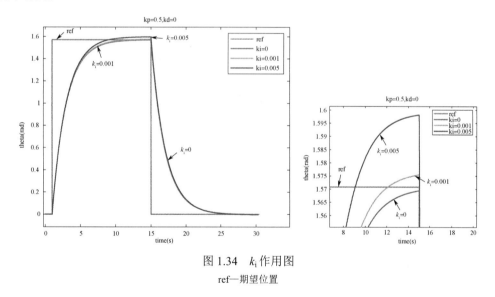

图 1.34　k_i 作用图

ref—期望位置

- $k_p = 0.5$，$k_i = 0.001$，$k_d = 0$、0.001、0.1。

k_d 作用（图 1.35）可以说与 k_i 为互补效果，其对最后阶段的稳定基本没有作用，但可以在响应的启动阶段加速跟随，另外，过大的 k_d 会引起振荡。

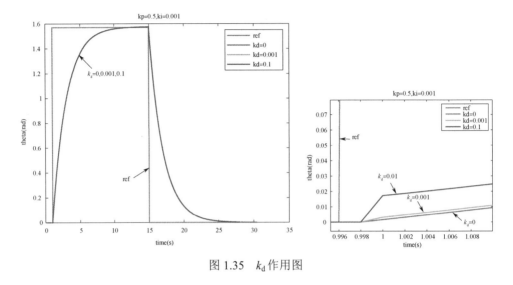

图 1.35　k_d 作用图

上述参数可以增大范围，仿真查看响应效果。

思考与作业

（1）作业

① 调出跟随效果最好的 PID 参数，仿真并绘制三个关节同时 90°阶跃运动的跟随曲线图。

② 本章仿真中使用的 TIME_STEP 是 32，即 32ms 更新仿真一次，探索如果把 TIME_STEP 设置为 2ms，上述的 PID 参数效果会如何，总结和思考控制频率的作用。

（2）思考与探索

针对建立的三自由度机械臂推导其运动学模型与逆运动学模型。

参考文献

[1]　Webots User Guide [EB/OL]. https://www.cyberbotics.com/doc/guide/index.

[2]　Webots Reference Manual [EB/OL]. https://www.cyberbotics.com/doc/reference/index.

[3]　Craig J J. 机器人学导论[M]. 北京：机械工业出版社，2023.

本章附录

A．相关软件下载地址

Ubuntu 20 桌面版：https://cn.ubuntu.com/download/alternative-downloads。

VMplayer：https://www.vmware.com/products/desktop-hypervisor/workstation-and-fusion#product-overview。

Webots2023：https://github.com/cyberbotics/webots/releases/tag/R2023b。

VSCode：https://code.visualstudio.com/Download。

B. VSCode 软件相关配置

在 VSCode 中编辑代码时，有时会发现头文件或函数行下面有红色波浪线，表示 VSCode 找不到文件或者函数的位置，可在 VSCode 的插件模块中搜索 C/C++ Extension Pack，点击 Installing 安装，如图 1.36 所示。

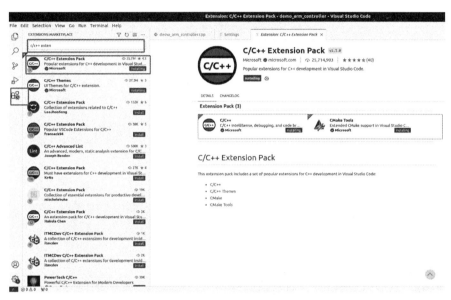

图 1.36　VSCode 安装插件图

如果发现仍然有红色波浪线提示找不到对应的头文件路径，鼠标点击任意行代码，弹出 Quick Fix...，点击该按钮，如图 1.37 所示。

图 1.37　VSCode 中红色波浪线报错

此时弹出多种解决方案，如图 1.38 所示。由于 Webots 安装路径就是/usr/local/webots，所以我们选择第一种解决方法（一般是最合理的），将该路径添加到这个 VSCode 工程配置中，即可解决该问题。

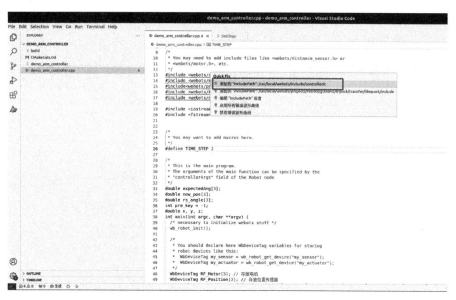

图 1.38　VSCode 中添加路径

此时所有红色波浪线消失，且再次写程序时会自动出现相关的内容，选择要补充的内容按 Enter 键即可补全，如图 1.39 所示。

图 1.39　VSCode 正常编码提示图

C. 本章完整代码：如图 1.40、图 1.41 所示

```
1    #include <webots/robot.h>
2    #include <webots/motor.h>
3    #include <webots/position_sensor.h>
4    #include <webots/keyboard.h>
5    #include <webots/display.h>
6    #include <iostream>
7    #include <fstream>
8
9    #define TIME_STEP 32
10
11   double expectedAng[3];
12   double now_pos[3];
13   double rs_angle[3];
14   int pre_key = -1;
15   double x, y, z;
```

图 1.40　本章完整代码头文件和变量图

```
16
17   int main(int argc, char **argv) {
18     /* necessary to initialize webots stuff */
19     wb_robot_init();
20
21     WbDeviceTag RF_Motor[3]; // 存放电机
22     WbDeviceTag RF_Position[3]; // 存放位置传感器
23     const char* RF_MOTOR_NAMES[3] = { "rotational motor rf1", "rotational motor rf2", "rotational motor rf3" };
24     const char* RF_POSITION_NAMES[3] = { "position sensor rf1", "position sensor rf2", "position sensor rf3" };
25     for (int i = 0; i < 3; i++) //电机和对应的编码器设备
26     {
27       RF_Motor[i] = wb_robot_get_device(RF_MOTOR_NAMES[i]);
28       RF_Position[i] = wb_robot_get_device(RF_POSITION_NAMES[i]);
29       wb_motor_enable_torque_feedback(RF_Motor[i], TIME_STEP);
30       wb_position_sensor_enable(RF_Position[i], TIME_STEP);
31     }
32     wb_keyboard_enable(TIME_STEP);
33
34     double time = 0;
35
36     /* main loop */
37     while (wb_robot_step(TIME_STEP) != -1) {
38       time += TIME_STEP / 1000.0;
39
40       int key = wb_keyboard_get_key(); // 捕获键盘输入
41       if (key != pre_key)
42       {
43         if (key == 'Q')
44           expectedAng[0] += 1.570795;  // joint1 增大90度
45         else if (key == 'A')
46           expectedAng[0] -= 1.570795;  // joint1 减小90度
47         else if (key == 'W')
48           expectedAng[1] += 1.570795;  // joint2 增大90度
49         else if (key == 'S')
50           expectedAng[1] -= 1.570795;  // joint2 减小90度
51         else if (key == 'E')
52           expectedAng[2] += 1.570795;  // joint3 增大90度
53         else if (key == 'D')
54           expectedAng[2] -= 1.570795;  // joint3 减小90度
55         pre_key = key;
56       }
57       // 根据指令实现关节位置伺服
58       for (int i = 0; i < 3; i++)
59       {
60         wb_motor_set_control_pid(RF_Motor[i], 0.5, 0.001,0.001);
61         wb_motor_set_position(RF_Motor[i], expectedAng[i]);
62       }
63
64       for (int i = 0; i < 3; i++) // 采集关节位置
65       {
66         now_pos[i] = wb_position_sensor_get_value(RF_Position[i]);
67       }
68     };
69     /* This is necessary to cleanup webots resources */
70     wb_robot_cleanup();
71
72     return 0;
73   }
```

图 1.41　本章主函数完整代码图

D. 完整 CMakeLists.txt，如图 1.42 所示

```
1.  cmake_minimum_required(VERSION 3.0)
2.
3.  # Setup the project.
4.  # Its name is defined to be the controller directory name.
5.  get_filename_component(PROJECT ${CMAKE_SOURCE_DIR} NAME)
6.  project(${PROJECT})
7.
8.  # Get C or C++ sources in the current directory (only).
9.  file(GLOB C_SOURCES *.c)
10. file(GLOB CPP_SOURCES *.cpp)
11. set(SOURCES ${C_SOURCES} ${CPP_SOURCES})
12.
13. # Link with the Webots controller library.
14. link_directories($ENV{WEBOTS_HOME}/lib/controller)
15. set (LIBRARIES ${CMAKE_SHARED_LIBRARY_PREFIX}Controller${CMAKE_SH
    ARED_LIBRARY_SUFFIX} ${CMAKE_SHARED_LIBRARY_PREFIX}CppController$
    {CMAKE_SHARED_LIBRARY_SUFFIX})
16. include_directories($ENV{WEBOTS_HOME}/include/controller/c $ENV{W
    EBOTS_HOME}/include/controller/cpp)
17.
18. # Setup the target executable.
19. add_executable(${PROJECT} ${SOURCES} )
20. target_link_libraries(${PROJECT} ${LIBRARIES})
21.
22. # Copy the target executable at the right location.
23. add_custom_command(TARGET ${PROJECT} POST_BUILD COMMAND ${CMAKE_C
    OMMAND} -E
24.       copy ${CMAKE_BINARY_DIR}/${PROJECT} ${CMAKE_SOURCE_DIR})
```

图 1.42　本章完整 CmakeLists.txt 文件图

第 2 章

单腿运动控制

扫码获取配套资源

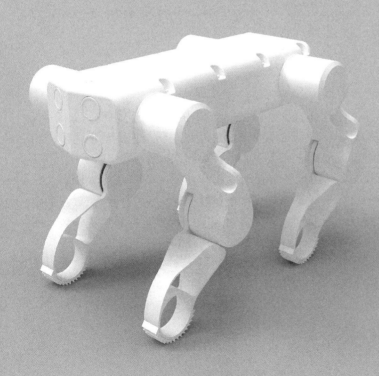

本章开始介绍基本的腿足机器人控制技术，从腿足机器人系统组成来说最基本的是关节技术，由关节加连杆组成肢体，再由肢体和躯干组成完整的机器人，所以控制技术与之对应，最底层的为关节控制，然后是肢体控制技术，最后是机器人整体运动控制技术。当然如果细分的话每层都还可以细化为多个方向，比如关节层按照驱动方式可以分为电动关节、气动关节、液压关节，按照运动方式可以分为旋转关节、直线关节以及传动机构带来的复杂运动形式关节；肢体控制可以根据肢体工作方式分为腿式肢体控制、臂式肢体控制，根据控制方法可以分为高刚度位置控制、位置阻抗式柔顺控制、主动力柔顺控制等；机器人整体运动控制层面更广，根据有无模型可以分成基于模型的控制、无模型的强化学习控制，而基于模型的控制又可以分成基于模型的规划控制、离/在线最优控制等。

本章针对单腿系统介绍运动学、逆运动学、静力学等基础知识，以及基于这些知识的位置控制、PD（比例微分）控制、阻抗控制、虚拟模型控制等内容，建立起腿足关节到肢体控制的基本能力，以此掌握、应用并创新一些新的腿足控制方法。

2.1

单腿运动控制知识部分

本节介绍常用的单腿运动控制方法，主要是位置柔顺控制和基于虚拟模型的主动柔顺控制方法。单腿运动控制方法是四足机器人整体运动控制中的重要部分，本节介绍的控制方法直接或者间接地应用于四足机器人的摆动相和支撑相中。

2.1.1 单腿运动学建模

一个腿足肢体要想实现工作空间的任意位置可达，至少需要 3 个自由度，如图 2.1 所示。下面就以最简单也是最常见的一个三自由度单腿进行运动学与逆运动学建模，注意为了简化模型，假设单腿三个自由度都在一个平面上，如图 2.2 所示。

图 2.2 中第一个自由度表示为 θ_0，用来表示腿的内收和外摆，通常定义为 Hip_AA。按照一般规律将该单腿机器人的世界坐标系建立在此处，以向前为 x，向上为 z，右手定则定义出 y 轴。为了方便后面 D-H 坐标构建，初始连杆原点与世界坐标系原点一致，而设置开始的坐标系向前为 z_0，这在后面推导运动学时体现出便利性。通常液压传动不可避免会通过一个连杆 L_0（电机传动时可以实现 $L_0=0$）和下一个关节 θ_1 连接，通常叫作 Hip_FE，再通过连杆 L_1 与小腿关节 θ_2 连接，通常叫作 Knee_FE。

2.1.1.1 运动学

对该简单的模型，可以直接手写出足端在机器人世界坐标下的位置：

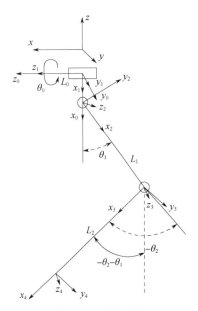

图 2.2　单腿模型

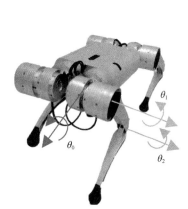

图 2.1　四足机器人单腿关节图

$$x = -L_1 \sin\theta_1 - L_2 \sin(\theta_1 + \theta_2) \tag{2.1}$$

$$y = L_0 \sin\theta_0 + L_1 \sin\theta_0 \cos\theta_1 + L_2 \sin\theta_0 \cos(\theta_1 + \theta_2) \tag{2.2}$$

$$z = -L_0 \cos\theta_0 - L_1 \cos\theta_0 \cos\theta_1 - L_2 \cos\theta_0 \cos(\theta_1 + \theta_2) \tag{2.3}$$

而对复杂的系统，通常用 D-H 参数法建立其运动学方程，如对该单腿系统，建立 D-H 参数表（表 2.1）。

表 2.1　单腿机器人 D-H 参数表

连杆序号 i	沿 x_{i-1} 轴从 z_{i-1} 移动到 z_i 的距离 a_{i-1}	绕 x_{i-1} 轴从 z_{i-1} 转到 z_i 的角度 α_{i-1}	沿 z_i 轴从 x_{i-1} 到 x_i 的距离 d_i	绕 z_i 轴从 x_{i-1} 到 x_i 的角度 θ_i
1	0	0	0	θ_0
2	L_0	$-\pi/2$	0	θ_1
3	L_1	0	0	θ_2
4	L_2	0	0	0

注：L_i 表示各连杆长度。

写出对应每行的变换矩阵：

$$
{}^0_1\boldsymbol{T} = \begin{bmatrix} \cos\theta_0 & -\sin\theta_0 & 0 & 0 \\ \sin\theta_0 & \cos\theta_0 & 0 & 0 \\ 0 & 0 & 1 & 0 \\ 0 & 0 & 0 & 1 \end{bmatrix} = \mathrm{Rot}(z, 90°) \tag{2.4}
$$

$$
{}_2^1\boldsymbol{T} = \begin{bmatrix} \cos\theta_1 & -\sin\theta_1 & 0 & L_0 \\ 0 & 0 & 1 & 0 \\ -\sin\theta_1 & -\cos\theta_1 & 0 & 0 \\ 0 & 0 & 0 & 1 \end{bmatrix} = \mathrm{Rot}(x, -90°)\mathrm{Trans}(L_0, 0, 0)\mathrm{Rot}(z, \theta_1) \tag{2.5}
$$

$$
{}_3^2\boldsymbol{T} = \begin{bmatrix} \cos\theta_2 & -\sin\theta_2 & 0 & L_1 \\ \sin\theta_2 & \cos\theta_2 & 0 & 0 \\ 0 & 0 & 1 & 0 \\ 0 & 0 & 0 & 1 \end{bmatrix} \tag{2.6}
$$

$$
{}_4^3\boldsymbol{T} = \begin{bmatrix} 1 & 0 & 0 & L_2 \\ 0 & 1 & 0 & 0 \\ 0 & 0 & 1 & 0 \\ 0 & 0 & 0 & 1 \end{bmatrix} \tag{2.7}
$$

$$
\begin{aligned}
{}_4^0\boldsymbol{T} &= {}_1^0\boldsymbol{T}\,{}_2^1\boldsymbol{T}\,{}_3^2\boldsymbol{T}\,{}_4^3\boldsymbol{T} \\[4pt]
&= \begin{bmatrix} c_0c_1c_2 - c_0s_1s_2 & -c_0c_1s_2 - c_0s_1c_2 & -s_0 & L_0c_0 - L_2(c_0s_1s_2 - c_0c_1c_2) + L_1c_0c_1 \\ s_0c_1c_2 - s_0s_1s_2 & -s_0c_1s_2 - s_0s_1c_2 & c_0 & L_0s_0 - L_2(s_0s_1s_2 - s_0c_1c_2) + L_1s_0c_1 \\ -c_1s_2 - s_1c_2 & s_1s_2 - c_1c_2 & 0 & -L_2(c_1s_2 + s_1c_2) - L_1s_1 \\ 0 & 0 & 0 & 1 \end{bmatrix}
\end{aligned} \tag{2.8}
$$

其中，c_0 表示 $\cos\theta_0$；c_1 表示 $\cos\theta_1$；s_0 表示 $\sin\theta_0$；其他以此类推。

通过化简，得到：

$$
{}_4^0\boldsymbol{T} = \begin{bmatrix} c_0c_{12} & -c_0s_{12} & -s_0 & L_0c_0 + L_1c_0c_1 + L_2c_0c_{12} \\ s_0c_{12} & -s_0s_{12} & c_0 & L_0s_0 + L_1s_0c_1 + L_2s_0c_{12} \\ -s_{12} & -c_{12} & 0 & -L_1s_1 - L_2s_{12} \\ 0 & 0 & 0 & 1 \end{bmatrix} \tag{2.9}
$$

其中，c_{12} 表示 $\cos(\theta_1+\theta_2)$；s_{12} 表示 $\sin(\theta_1+\theta_2)$。

提取其中位置向量，得到运动学结果：

$$
{}^0\boldsymbol{P} = \begin{bmatrix} x_0 \\ y_0 \\ z_0 \\ 1 \end{bmatrix} = \begin{bmatrix} L_0c_0 - L_2(c_0s_1s_2 - c_0c_1c_2) + L_1c_0c_1 \\ L_0s_0 - L_2(s_0s_1s_2 - s_0c_1c_2) + L_1s_0c_1 \\ -L_2(c_1s_2 + s_1c_2) - L_1s_1 \\ 1 \end{bmatrix} \tag{2.10}
$$

提取 ${}_4^0\boldsymbol{T}$ 中的最后一列前三行，这与最开始写的足端位置公式一致。

2.1.1.2 逆运动学

以上通过三个关节的角度计算出足端的位置，这就是正向运动学（简称运动学）。相反，如果知道了末端的位置，反推三个关节的位置，即为逆运动学。

由于此处模型简单，这里介绍一种绘图法求解逆运动学，如图 2.3 所示。思路为：

连接足端到 Hip_FE 原点，构造一条虚拟腿连杆 L_{12}，根据已知的足端位置数据和构成的虚线三角形，可以计算得到 L_{12} 长度，同时利用三角形定理计算出 $\theta_{\text{aux}}-\theta_1$。此时 L_1、L_2 和 L_{12} 形成另一个三角形，利用三角函数定理可以确定出 θ_2 和 θ_{aux}，进而计算出 θ_1。

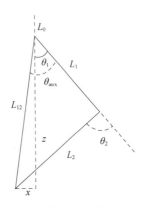

图 2.3　绘图法求逆运动学

求解出来的逆运动学表示如下：

$$\theta_0 = \arctan\frac{y}{-z} \tag{2.11}$$

$$L_{12} = \sqrt{(L_0 + z/\cos\theta_0)^2 + x^2} \tag{2.12}$$

$$\varphi = \arccos\frac{{L_1}^2 + {L_{12}}^2 - {L_2}^2}{2L_1 L_{12}} \tag{2.13}$$

$$\theta_1 = \varphi - \arctan\frac{x}{-L_0 - z/\cos\theta_0} \tag{2.14}$$

$$\theta_2 = \arccos\frac{{L_1}^2 + {L_2}^2 - {L_{12}}^2}{2L_1 L_2} - \pi \tag{2.15}$$

其中，φ 为临时变量。

2.1.1.3　静力学

在运动学公式的基础上对每个关节进行求导：

$$\boldsymbol{D} = \boldsymbol{J}\boldsymbol{D}_\theta \tag{2.16}$$

$$\dot{x} = [-L_1\cos\theta_1 - L_2\cos(\theta_1 + \theta_2)]\frac{\mathrm{d}\theta_1}{\mathrm{d}t} - L_2\cos(\theta_1 + \theta_2)\frac{\mathrm{d}\theta_2}{\mathrm{d}t} \tag{2.17}$$

$$\begin{aligned} \dot{y} = {}& [L_0\cos\theta_0 + L_1\cos\theta_0\cos\theta_1 + L_2\cos\theta_0\cos(\theta_1 + \theta_2)]\frac{\mathrm{d}\theta_0}{\mathrm{d}t} \\ & + [-L_1\sin\theta_0\sin\theta_1 - L_2\sin\theta_0\sin(\theta_1 + \theta_2)]\frac{\mathrm{d}\theta_1}{\mathrm{d}t} + [-L_2\sin\theta_0\sin(\theta_1 + \theta_2)]\frac{\mathrm{d}\theta_2}{\mathrm{d}t} \end{aligned} \tag{2.18}$$

$$\dot{z} = [L_0 \sin\theta_0 + L_1 \sin\theta_0 \cos\theta_1 + L_2 \sin\theta_0 \cos(\theta_1+\theta_2)]\frac{\mathrm{d}\theta_0}{\mathrm{d}t}$$
$$+[L_1 \cos\theta_0 \sin\theta_1 + L_2 \cos\theta_0 \sin(\theta_1+\theta_2)]\frac{\mathrm{d}\theta_1}{\mathrm{d}t} + L_2 \cos\theta_0 \sin(\theta_1+\theta_2)\frac{\mathrm{d}\theta_2}{\mathrm{d}t} \tag{2.19}$$

其中，$\boldsymbol{D}$ 表示 x、y、z 的微分矩阵；$\boldsymbol{D}_\theta$ 表示 θ 的微分矩阵。

将以上公式整理为矩阵形式，得到雅可比矩阵：

$$\boldsymbol{J}(\theta) = \begin{bmatrix} 0 & -L_1 c_1 - L_2 c_{12} & -L_2 c_{12} \\ L_0 c_0 + L_1 c_0 c_1 + L_2 c_0 c_{12} & -L_1 s_0 s_1 - L_2 s_0 s_{12} & -L_2 s_0 s_{12} \\ L_0 s_0 + L_1 s_0 c_1 + L_2 s_0 c_{12} & L_1 c_0 s_1 + L_2 c_0 s_{12} & L_2 c_0 s_{12} \end{bmatrix} \tag{2.20}$$

根据静力学规律，得到的末端的力 $\boldsymbol{f}$ 可以映射到关节上，即

$$\boldsymbol{\tau} = \boldsymbol{J}^\mathrm{T} \boldsymbol{f} \tag{2.21}$$

$$\begin{cases} \tau_0 = (L_0 c_0 + L_1 c_0 c_1 + L_2 c_0 c_{12})F_y + (L_0 s_0 + L_1 s_0 c_1 + L_2 s_0 c_{12})F_z \\ \tau_1 = (-L_1 c_1 - L_2 c_{12})F_x + (-L_1 s_0 s_1 - L_2 s_0 s_{12})F_y + (L_1 c_0 s_1 + L_2 c_0 s_{12})F_z \\ \tau_2 = (-L_2 c_{12})F_x + (-L_2 s_0 s_{12})F_y + (L_2 c_0 s_{12})F_z \end{cases} \tag{2.22}$$

其中，$\boldsymbol{f}=[F_x, F_y, F_z]^\mathrm{T}$，$F_x$、$F_y$、$F_z$ 为足底三维力；$\tau_0 \sim \tau_2$ 为腿上三个关节的扭矩，对应 Hip_AA、Hip_FE 和 Knee_FE。

反过来，如果知道了关节扭矩 $\boldsymbol{\tau}$，可以进行末端力计算：

$$\boldsymbol{f} = (\boldsymbol{J}^\mathrm{T})^{-1} \boldsymbol{\tau} \tag{2.23}$$

$$(\boldsymbol{J}^\mathrm{T})^{-1} = \begin{bmatrix} 0 & -s_{12}/(L_1 s_2) & (L_1 s_1 + L_2 s_{12})/(L_1 L_2 s_2) \\ c_0/(L_0 + L_1 c_1 + L_2 c_{12}) & (s_0 c_{12})/(L_1 s_2) & -s_0(L_1 c_1 + L_2 c_{12})/(L_1 L_2 s_2) \\ s_0/(L_0 + L_1 c_1 + L_2 c_{12}) & -(c_0 c_{12})/(L_1 s_2) & c_0(L_1 c_1 + L_2 c_{12})/(L_1 L_2 s_2) \end{bmatrix} \tag{2.24}$$

2.1.2 单腿运动控制方法

2.1.2.1 位置控制

当知道期望的关节位置时，可以直接进行关节伺服；当知道期望末端位置时，可以通过逆运动学解算出对应的关节位置，进而通过关节伺服实现末端位置控制。虽然这里要介绍的是单腿控制，但里面会涉及关节控制，比如这里说的单腿位置控制，其实质就是关节位置控制，这是最简单的控制方式。

其实本质上没有所谓的位置控制方式，对于液压关节来说，液压缸上的位移传感器反馈当前位置，与期望位置作差后，根据差值用 PID 控制率来调整伺服阀的开度，从而控制液压输出力的大小，通过输出力调整将液压缸伺服在期望位置。对于电机来说，最底层也是力或者说是电流，电机伺服一般分成三环：最底层为电流环，在此基础上构建速度闭环，进而在速度闭环的基础上实现位置闭环。不管何种驱动形式，位置伺服一般

均指高刚度系数的伺服，其特点就是很有力、很"硬"（伺服参数调整好情况下），期望到哪个位置就伺服到哪个位置，不管这个位置情况如何。

对于腿足机器人系统来说，一般腿足分成摆动相和支撑相，摆动相足端在空中运动，可以假设没有反作用力，此时用位置控制可以实现期望摆动相轨迹的追踪；但支撑相下，如果用位置控制，因其刚度大，一般会引起较大的地面反作用力，如果机器人受到反作用力后没有进行有效调整，则机器人容易摔倒倾覆。对腿足机器人系统来说，因其离散的支撑与摆动特点，对应的动力学系统是非连续的，归结为切换系统（switch system），即在摆动相和支撑相其动力学是不一样的。期望机器人在支撑相时与地面有良好的交互，学术的说法为柔顺交互，即摆动腿落地时与地面的冲击力尽量小，机器人站立的情况下，用尽量小的输出力维持平衡，同时能够对外界的扰动进行良好的调整，这就引出了具有一定柔性的控制需求。

2.1.2.2　关节 PD 控制

关节 PD 控制方法从本质上将之前的位置伺服变成了力伺服，这个力的大小就是用 PD 控制率实现的：

$$\tau = k_p(\theta_d - \theta) + k_p(\dot{\theta}_d - \dot{\theta}) \tag{2.25}$$

式中，带有下标 d 的参数表示期望值。关节 PD 控制在电机驱动上通常视为位置控制方式，其本质上为可调刚度、阻尼参数的位置控制，关节 PD 通过调整刚度、阻尼参数可以呈现多种控制效果。比如将 k_p 参数调得很大，那与位置控制无异，可以认为就是高刚度位置控制；当 k_p 参数为零时，可以看作一种只有比例参数的速度控制，进而，如果没有期望的关节角速度，则成为阻尼控制方式，这在腿足机器人中常用来作为一种安全保护控制，即不管机器人处于什么状态，进入阻尼模式下，机器人关节受到很大阻力而停止或缓慢运动，参数合理情况下可实现受自身重力作用缓慢趴下效果，避免机器人突然摔倒后的猛烈撞击。

2.1.2.3　位置阻抗控制

目标足端位置 $\boldsymbol{P}_r$ 通过逆运动学计算得到期望关节角度 q_d，位置控制器使用 PID 算法即可得到较好的效果。但这种位置控制刚性大，在机器人足端与地面碰撞时会有较大的冲击力，使机器人运动不稳定且损伤机器人的机械结构。

当关节执行器无法实现扭矩伺服或者伺服带宽不足时，位置控制方法结合扭矩检测实现基于位置控制的主动柔顺方法（即位置阻抗），可较好地提高机器人的足地交互效果。如图 2.4 所示，基于位置阻抗的主动柔顺方法中采集关节扭矩并通过腿部雅可比矩阵转置逆映射到足底力 f_c 上，该力对应一个虚拟弹簧的位置调整量 e，设计该调整量和足底力关系为：

$$f_c = K_s e + K_d \dot{e} \tag{2.26}$$

其中，K_s 和 K_d 为调整量的刚度和阻尼值；式（2.26）为 e 的一阶微分方程，求解方程得到通解：

$$e = -\frac{b - b\exp(af_c)}{a^2} - \frac{bf_c}{a} \tag{2.27}$$

其中，$a = -\dfrac{K_s}{K_d}$；$b = \dfrac{1}{K_d}$。如果将调整量简化为一个无阻尼的弹簧调整量，则 $e = \dfrac{f_c}{K_s}$。

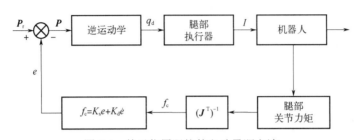

图 2.4 基于位置阻抗的主动柔顺方法

P—腿部足端位置；I—腿部执行器计算出来的电机伺服电流

2.1.2.4 基于虚拟模型的主动柔顺控制

当关节驱动单元具有较好的扭矩伺服特性时,设计基于虚拟模型的主动柔顺控制器,将单腿机器人髋关节原点和足端之间虚拟成弹簧阻尼模型,基于足端实际位置 P_f 和给定参考位置 P_r 之间的差值计算足端虚拟力 F_v：

$$F_v = K_s(P_r - P_f) + K_d(\dot{P}_r - \dot{P}_f) \tag{2.28}$$

其中，K_s 表示虚拟弹簧的刚度；K_d 表示虚拟弹簧的阻尼。得到足端的虚拟力后，需要折算到关节空间以此来伺服关节扭矩：

$$\boldsymbol{\tau}_r = \boldsymbol{J}^T \boldsymbol{F}_v \tag{2.29}$$

得到期望关节扭矩后，通过上面介绍的阀控液压缸扭矩伺服控制方法来实现伺服。以此构建的单腿虚拟模型控制器如图 2.5 所示。

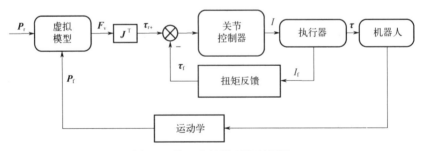

图 2.5 单腿虚拟模型控制框图

2.2

单腿运动控制仿真实验部分

为验证上述位置控制、位置阻抗、虚拟模型等控制方式，在 Webots 中搭建 2 自由度的单腿模型，如图 2.6 所示。为简化控制，与前面运动学用的模型相比去掉了侧摆关节，按照顺序以此实现位置控制、PD 控制、位置阻抗和虚拟模型力控制实验。仿真中建立的机器人模型有两个导轨：水平方向 x 的导轨上安装有伺服电机，维持其在 x 轴的位置；竖直导轨同样安装有电机，但设置其最大输出力为 0，即竖直方向上可以自由上下运动。

图 2.6　仿真中模型图

2.2.1　模型搭建

第 1 章详细介绍了搭建一个三自由度机器人模型的过程，本章模型搭建与第 1 章一致，所以这里进行简化介绍。

如图 2.7 所示，首先创建一个 Robot 节点，在其下创建一个 SliderJoint，第 1 章介绍的机械臂模型中用到的 HingeJoint 为旋转关节，这里的 SliderJoint 是直线运动关节。将这个 SliderJoint 作为 x 方向约束机器人运动的关节，则设置其运动轴 axis 的 x 方向为 1。在 device 下加入 LinearMotor 和 PositionSensor（本工程中可以不要），设置 LinearMotor 名字为 "linearmotor_x" 并将其最大力调大，以使这个电机有足够力约束机器人在 x 方向不动。

在 x 方向 SliderJoint 的子节点中再创建一个负责 z 方向上下运动的 SliderJoint，如图 2.8 所示。其 axis 的默认 z 方向不用修改，在其 device 下添加 LinearMotor 和 PositionSensor。由于期望机器人在 z 方向上不受其他拉压力，只在重力作用下自由运动，所以设置电机的最大输出力 maxForce 为 0，此时该 SliderJoint 即为模拟的自由运动导轨。

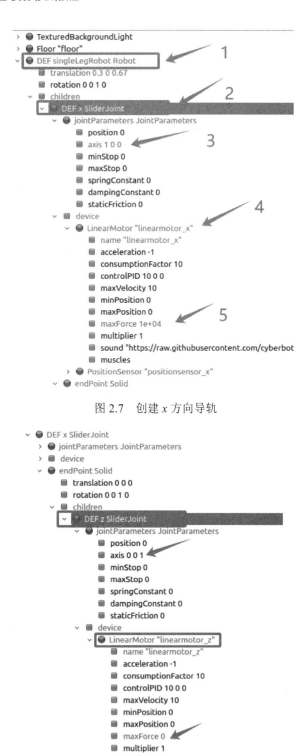

图 2.7　创建 x 方向导轨

图 2.8　创建 z 方向导轨

在 z 方向 SliderJoint 的子节点中创建二自由度机器人的躯干，如图 2.9 所示，即添加一个 Shape 节点，在其 geometry 属性中设置长、宽、高分别为 0.25m、0.1m、0.1m，并在其 appearance 属性中选择自己想要的颜色，在 bounding 中设置为躯干形状，最后添加默认的物理属性。

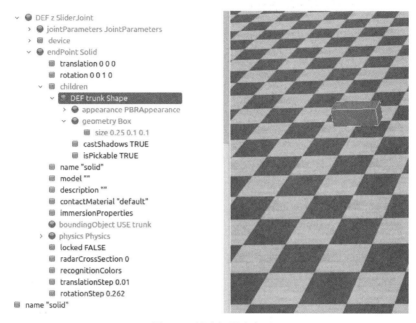

图 2.9　创建机器人躯干

添加 Hip 关节及其连杆，在躯干 Shape 节点并行位置添加 HingeJoint，该旋转关节的配置过程与之前机械臂的一致。首先确定旋转轴为 y 方向，则设置 axis 中 y 方向为 1，然后旋转中心点设置为躯干正下方，由于躯干高度为 0.1m，则沿着 z 方向降低躯干高度一半即-0.05m；在 device 中添加命名为 Hip 的旋转电机和位置传感器；在其 endPoint 中添加一个 Group 用来存放模拟的旋转电机和连杆两个 Shape，注意两个 Shape 因为需要进行位置调整，所以都放在了 Pose 节点下，连杆尺寸如图 2.10 所示。

复制 Hip 关节，对应的 HingeJoint 修改为 Knee 关节，如图 2.11 所示；其旋转轴中心点为沿着 z 方向向下移动 Hip 连杆的距离，即-0.28m；修改其 device 中的旋转电机和位置传感器的名称，以及 endPoint 中 Knee 关节对应的连杆 Group，最后修改 bounding 和 physics 属性，至此完成 Knee 关节模型配置。

与之前机械臂模型不同的是，这里的单腿机器人模型中，在末端可以添加足底力传感器，以实现足-地接触力的获取。如图 2.12 所示，在 knee_group 同级并行下添加 TouchSensor 传感器，并以一个球形表示其足底。

对于 TouchSensor 来说，可以选择多种模式，即"bumper""force""force-3d"。图 2.12 中所示的为 bumper 模式的足底力传感器，表示可以感知有无接触，即通过返回 0/1 来区别；"force"模式表示可以返回 z 方向的单维力；"force-3d"表示可以返回 x、y、z 三个方向的力。lookupTable 中两行三列数据是输入输出数据配置，其中第一行第一个参数表示采集足底力的最小值，第二个参数为采集到的足底力返回的数据，比如采集的最小足底力是-1，输出可以为-100，即表示数据放大了 100 倍，第三个参数无作用；第二行参数与第一行一致，只不过表示最大值。

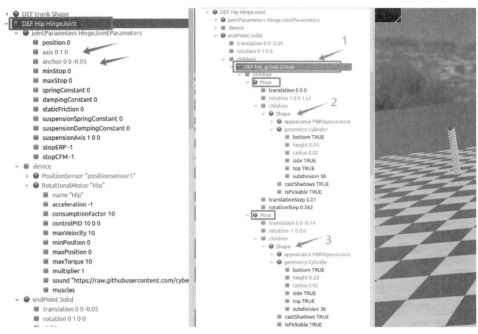

图 2.10　创建机器人 Hip 关节

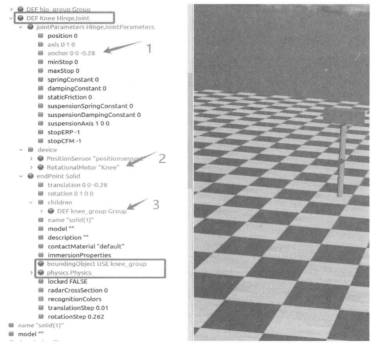

图 2.11　创建机器人 Knee 关节及连杆

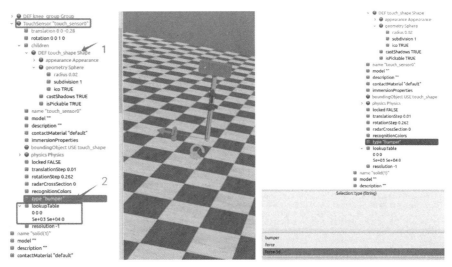

图 2.12　创建机器人足底

2.2.2　程序框架分析

图 2.13 为该控制器程序框架，程序框架较为简单，最开始包含所有相关头文件，然后定义了三个宏，其中 control_style 宏通过选择 1～4 切换不同控制方式，随后是相关控制参数。

```
1    #include <webots/robot.h>
2    #include <stdio.h>
3    #include <webots/motor.h>
4    #include <webots/touch_sensor.h>
5    #include<webots/position_sensor.h>
6    #include<webots/inertial_unit.h>
7    #include <webots/keyboard.h>
8    #include<math.h>
9    #include <webots/display.h>
10   #include "kinematics.h"
11   #include "Structs.h"
12   #include <stdlib.h>
13
14   #define TIME_STEP 1
15   #define pi 3.1415926
16
17   #define control_style 4 //1表示位置控制 2为关节PD控制，3为表示虚拟模型力控制，4 为位置阻抗控制
18
19   //关节PD控制参数
20   float kp_hip = 50;          //刚度 N/rad
21   float kd_hip = 2;           //阻尼 N/rad/s
22   float kp_knee = 50;
23   float kd_knee = 2;
24   //位置阻抗控制参数
25   float compliance_para = 0.02;
26   // 虚拟模型控制参数
27   float Stiffness_x = 5;      //刚度 N/mm
28   float Damping_x = 0.5;      //阻尼 N/mm/s
29   float Stiffness_z = 15.0;
30   float Damping_z = 0.1;
31
32   // 变量
33   Struct_Cartesian Given_position;
34   // 省略变量
35   double timer; // 运行时间统计
36
37   int main(int argc, char** argv)
38   {
39        ....
40
```

图 2.13　机器人控制器框架

主函数框架如图 2.14 所示，首先进行所有设备的获取和初始化，随后在周期循环中根据选择的控制方式，进行具体的控制算法。

```c
int main(int argc, char** argv)
{
    /* necessary to initialize webots stuff */
    wb_robot_init();
    WbDeviceTag TouchSensor = wb_robot_get_device("touch_sensor0");
    WbDeviceTag positionsensor1 = wb_robot_get_device("positionsensor1"); // 关节joint1-hip
    WbDeviceTag positionsensor2 = wb_robot_get_device("positionsensor2"); // 关节joint2-knee
    WbDeviceTag positionsensor_x = wb_robot_get_device("positionsensor_x"); //水平方向导轨
    WbDeviceTag linearmotor_x = wb_robot_get_device("linearmotor_x");
    WbDeviceTag Hip = wb_robot_get_device("Hip");
    WbDeviceTag Knee = wb_robot_get_device("Knee");

    wb_touch_sensor_enable(TouchSensor, TIME_STEP);
    wb_position_sensor_enable(positionsensor1, TIME_STEP);
    wb_position_sensor_enable(positionsensor2, TIME_STEP);
    wb_position_sensor_enable(positionsensor_x, TIME_STEP);
    wb_motor_enable_torque_feedback(Knee, TIME_STEP);
    wb_motor_enable_torque_feedback(Hip, TIME_STEP);

    wb_keyboard_enable(TIME_STEP);//enable keyboard function
    WbDeviceTag display = wb_robot_get_device("display");

    Given_position.x = 0;  Given_position.y = 0; Given_position.z = -400;
    Leg.timer = 0;          //计时器
    double sinT = 1.0;// 正弦运动周期
    double Amp = 100; // 正弦运动的幅值 mm

    Check_Position_Angle.theta[1] = wb_position_sensor_get_value(positionsensor1);

    while (wb_robot_step(TIME_STEP) != -1) {
        timer += TIME_STEP/1000.0;
        // GetKeyBoard(&Leg); //获取键盘指令
        if (control_style == 1 || timer<1.0 )  //位置控制
        {
            ……
        }
        else if (2 == control_style) // 关节PD控制方法
        {
            ……
        }
        else if (3 == control_style) // 虚拟模型控制/笛卡尔空间PD控制
        {
        }
        else if (4 == control_style) // 位置阻抗模式
        {
            ……
        }
        else if (5 == control_style)  //可开发自己功能，如跳跃控制
        {
        }
    }

    wb_robot_cleanup();

    return 0;
}
```

图 2.14　主函数框架

下面对每种控制方法的具体实现进行详细解析。

2.2.3　位置控制

通过选择 control_style=1 进入位置控制模式，代码如下：

```
1.    if (control_style == 1 || count < 1000 )  //位置控制
2.    {
3.         Given_position.x = 0;
4.         Given_position.y = 0;
```

```
5.      // z 方向正弦运动
6.      Given_position.z = 400;//+Amp * sin(2 * pi / sinT * timer);
7.      //Hip 位置转换成关节角度
8.      Get_Position_Angle = Hip2Angle(Given_position);
9.      pre_Ang = Get_Position_Angle;
10.     wb_motor_set_position(Hip, Get_Position_Angle.theta[1]);
11.     wb_motor_set_position(Knee, Get_Position_Angle.theta[2]);
12.  }
```

第 3～6 行给定期望的足端位置，其中 z 方向可以设置为正弦运动轨迹；第 8 行调用了逆运动学函数（对应公式编写，代码参考本章附录 B）得到期望关节位置；第 10～11 行直接调用 Webots 中的位置控制指令，实现关节位置。

编译代码后进行仿真，当机器人站立在地面上时，可以通过 Alt+鼠标左键给机器人施加外力，查看机器人腿部柔顺特性。

2.2.4　PD 控制

通过选择 control_style=2 进入 PD 控制模式，代码如下：

```
1.   else if (2 == control_style) // 关节 PD 控制方法
2.   {
3.    Given_position.x = 0;
4.    Given_position.y = 0;
5.    Given_position.z = -400 + 100 * sin(2 * pi / sinT * timer);
6.    ang_des = Hip2Angle(Given_position);
7.
8.    Struct_Angle theta_fb;
9.    theta_fb.theta[0] = 0;
10.   theta_fb.theta[1]=wb_position_sensor_get_value(positionsensor1);
11.   theta_fb.theta[2]=wb_position_sensor_get_value(positionsensor2);
12.
13.   float err_p = ang_des.theta[1] - theta_fb.theta[1];
14.   float err_dp = (theta_fb.theta[1] - pre_Ang.theta[1]) * 1000.0;
15.   torque.torque[1] = kp_hip * (err_p) + kd_hip * (0 - err_dp );
16.   err_p = ang_des.theta[2] - theta_fb.theta[2];
17.   err_dp = (theta_fb.theta[2] - pre_Ang.theta[2]) * 1000.0;
18.   torque.torque[2] = kp_knee * (err_p) + kd_knee * (0 - err_dp );
19.   pre_Ang = theta_fb;
20.
21.   wb_motor_set_torque(Hip, torque.torque[1]);
22.   wb_motor_set_torque(Knee, torque.torque[2]);
23.  }
```

第 10～11 行通过调用 Webots 函数获得关节位置传感器信息，即获取当前关节位置；第 13～14 行计算期望关节位置与反馈关节位置误差，以及速度误差，这里假设期望运动速度为 0；第 15 行通过 PD 计算关节扭矩。Knee 关节计算相同，不再分析。最后将当前时刻的关节角保存，作为下个周期计算阻尼时的变量。

编译代码后进行仿真，当机器人站立在地面上时，可以通过 Alt+鼠标左键给机器人施加外力，查看机器人腿部柔顺特性。通过修改 kp_hip, kd_hip, kp_knee, kd_knee 参数，来仿真查看机器人伺服状态，参考关节刚度为 1，10，50，100。

2.2.5　位置阻抗控制

通过选择 control_style=4 进入位置阻抗控制模式，代码如下：

```
1.    else if (4 == control_style) // 位置阻抗模式
2.    {
3.        Given_position.x = 0;
4.        Given_position.y = 0;
5.        Given_position.z = -400 +Amp * sin(2 * pi / sinT * timer);
6.        pre_Ang = Get_Position_Angle;
7.        Angle.theta[0] = 0;
8.        Angle.theta[1]=wb_position_sensor_get_value(positionsensor1);
9.        Angle.theta[2]=wb_position_sensor_get_value(positionsensor2);
10.       torque.torque[0] = 0;
11.       torque.torque[1] = wb_motor_get_force_feedback(Hip);
12.       torque.torque[2] = wb_motor_get_force_feedback(Knee);
13.        force = Torque2LegForce(torque, Angle);
14.       Given_position.z += compliance_para * force.force[2];
15.       Get_Position_Angle = Hip2Angle(Given_position);
16.       wb_motor_set_position(Hip, Get_Position_Angle.theta[1]);
17.       wb_motor_set_position(Knee, Get_Position_Angle.theta[2]);
18.    }
```

第 7~9 行通过调用 Webots 函数获得关节位置传感器信息，即获取当前关节位置；第 10~12 行调用 Webots 函数得到关节扭矩反馈，注意 Webots 中只有在进行位置控制时才能反馈关节扭矩；第 13 行是将关节扭矩映射为足底力，对应式（2.23），具体函数实现可参考本章附录 C；第 14 行通过雅可比矩阵的逆计算足底力；第 16 行根据 z 方向足底力进行柔顺控制，调整 z 方向期望位置。

编译代码后进行仿真，当机器人站立在地面上时，可以通过 Alt+鼠标左键给机器人施加外力，查看机器人腿部柔顺特性。通过修改 compliance_para 柔顺参数，来仿真查看机器人在施加外力后的柔顺性，以及将机器人拖拽到空中自由落体运动后的腿部柔顺性。

2.2.6　基于虚拟模型的主动柔顺控制

通过选择 control_style=3 进入虚拟模型控制模式，代码如下：

```
1.   else if (3 == control_style) // 虚拟模型控制/笛卡儿空间 PD 控制
2.   {
3.       Given_position.x = 0;
4.       Given_position.y = 0;
5.       Given_position.z = -400+100*sin(2*pi/sinT*timer);
6.       Get_Position_Angle = Hip2Angle(Given_position);
7.       Angle.theta[0] = 0;
8.       Angle.theta[1]=wb_position_sensor_get_value(positionsensor1);
9.       Angle.theta[2]=wb_position_sensor_get_value(positionsensor2);
10.      Check_position = Angle2Hip(Angle);
11.      Leg.foot_position_fb[0] = Check_position.x;
12.      Leg.foot_position_fb[2] = Check_position.z;
13.      //计算 x、y、z 方向的虚拟力
14.      err_x = Given_position.x - Check_position.x;
15.      derr_x = err_x - position_pre_err_x;
16.      err_z = Given_position.z - Check_position.z;
17.      derr_z = err_z - position_pre_err_z;
18.      force_ref_x =err_x * Stiffness_x + derr_x * Damping_x*1000.0;
19.      force_ref_z =err_z * Stiffness_z + derr_z * Damping_z*1000.0;
20.      position_pre_err_x = err_x;
21.      position_pre_err_z = err_z;
22.      ang.theta[0] = 0;
23.      ang.theta[1] = Angle.theta[1];
24.      ang.theta[2] = Angle.theta[2];
25.      force.force[0] = force_ref_x;
26.      force.force[1] = 0;
27.      force.force[2] = force_ref_z;
28.      //t = JT*f 计算关节力矩
29.      torque = Force2Torqure(force, ang);
30.      wb_motor_set_torque(Hip, torque.torque[1]);
31.      wb_motor_set_torque(Knee, torque.torque[2]);
32.   }
```

第 10 行通过逆运动学公式计算足端位置信息，具体代码实现见本章附录 B；第 14 行计算 x 方向期望足端位置与实际足端位置之差；第 15 行通过前后两次数据计算 x 方向足端误差的速度；第 18 行通过虚拟模型（笛卡儿空间 PD 模型）计算足端虚拟力；第 29 行调用函数，利用雅可比矩阵将足底力映射为关节扭矩，具体函数实现见本章附录 D；第 30～31 行调用 Webots 函数直接进行关节扭矩伺服。

编译代码后进行仿真，当机器人站立在地面上时，可以通过 Alt+鼠标左键给机器人施加外力，查看机器人腿部柔顺特性。通过修改 Stiffness_x、Damping_x、Stiffness_z、Damping_z 参数，来仿真查看机器人在施加外力后的柔顺性，以及将机器人拖拽到空中自由落体运动后的腿部柔顺性。

思考与作业

（1）作业

仿真中将机器人抬高 0.3m，自由落地后采集足底力，分别绘制出四种方法最优参数下的足底冲击力图。

（2）思考与探索

① 通过本章所学控制方法，设计运动轨迹，实现仿真中机器人连续跳跃。
② 在①基础上研究最小化足底冲击力方法。

参考文献

[1] Craig J J. 机器人学导论[M]. 北京: 机械工业出版社, 2023.

[2] 柴汇. 液压驱动四足机器人柔顺及力控制方法的研究与实现[D]. 济南: 山东大学, 2016.

[3] Zhang G, Jiang Z, Li Y, et al. Active compliance control of the hydraulic actuated leg prototype[J]. Assembly Automation, 2017, 37(3): 356-368.

本章附录

A. 运动学代码实现，其对应式（2.1）~式（2.3）

```
1.  Struct_Cartesian Angle2Hip(Struct_Angle ang)
2.  {
3.    Struct_Cartesian hip;
4.    hip.x = -L1*sin(ang.theta[1])-L2*sin(ang.theta[1]+ang.theta[2]);
5.    hip.y = L0*sin(ang.theta[0])+
6.          L1*sin(ang.theta[0])*cos(ang.theta[0])+
7.          L2*sin(ang.theta[0])*cos(ang.theta[1]+ang.theta[2]);
8.    hip.z = -L0*cos(ang.theta[0])-
9.          L1*cos(ang.theta[0])*cos(ang.theta[1])-
10.         L2*cos(ang.theta[0])*cos(ang.theta[1] + ang.theta[2]);
11.   return hip;
12. }
```

B. 逆运动学代码实现，对应式（2.11）~式（2.15）

```
1.  Struct_Angle Hip2Angle(Struct_Cartesian hip)
2.  {
3.    Struct_Angle ang;
4.    float fai, abs_fai, abs_theta2;
```

```
5.    float L12;
6.
7.    ang.theta[0] =atan(-hip.y/hip.z);
8.    L12 = sqrt(hip.x * hip.x + pow(-hip.y, 2) + pow(-hip.z, 2));
9.    abs_fai = (L1 * L1 + L12 * L12 - L2 * L2) / 2.0 / L1 / L12;
10.   fai = acos(abs_fai);
11.   ang.theta[1] = atan2(-hip.x, -hip.z / cos(ang.theta[0])) + fai;
12.   abs_theta2 = (L1 * L1 + L2 * L2 - L12 * L12) / 2.0 / L1 / L2;
13.   ang.theta[2] = acos(abs_theta2) - 3.1415926;
14.   return ang;
15.   }
```

C. 关节扭矩映射为足底力代码实现，对应式（2.23）

```
1.    Struct_Force Torque2LegForce(Struct_Torque torque, Struct_Angle angle)
2.    {
3.    Struct_Force force;
4.
5.    double JIT[3][3];
6.    float ang12;
7.    float a, c;
8.
9.    ang12 = angle.theta[1] + angle.theta[2];
10.   a = L1 * cos(angle.theta[1]) + L2 * cos(ang12);
11.   c = sin(angle.theta[2]) * L1;
12.
13.   JIT[0][0] = 0;
14.   JIT[0][1] = -sin(ang12) / c;
15.   JIT[0][2] = sin(angle.theta[1])/L2/sin(angle.theta[2])+sin(ang12)/c;
16.   JIT[1][0] = cos(angle.theta[0]) / a;
17.   JIT[1][1] = cos(ang12) * sin(angle.theta[0]) / c;
18.   JIT[1][2] = -sin(angle.theta[0]) / c * a / L2;
19.   JIT[2][0] = sin(angle.theta[0]) / a;
20.   JIT[2][1] = -cos(ang12) * cos(angle.theta[0]) / c;
21.   JIT[2][2] = cos(angle.theta[0]) / c * a / L2;
22.
23.   force.force[0] = JIT[0][0] * torque.torque[0] +
24.                    JIT[0][1] * torque.torque[1] +
25.                    JIT[0][2] * torque.torque[2];
26.   force.force[1] = JIT[1][0] * torque.torque[0] +
27.                    JIT[1][1] * torque.torque[1] +
28.                    JIT[1][2] * torque.torque[2];
29.   force.force[2] = JIT[2][0] * torque.torque[0] +
30.                    JIT[2][1] * torque.torque[1] +
31.                    JIT[2][2] * torque.torque[2];
32.   force.force[0] = -force.force[0] * 1000;
```

```
33.    force.force[1] = -force.force[1] * 1000;
34.    force.force[2] = -force.force[2] * 1000;
35.    return force;
36.  }
```

D. 足底力映射为关节扭矩，对应式（2.21）

```
1.    Struct_Torque Force2Torqure(Struct_Force force, Struct_Angle ang)
2.    {
3.    Struct_Torque torque;
4.    torque.torque[0] = (L0+L1*cos(ang.theta[1])+L2*cos(ang.theta[1]
5.                        + ang.theta[2]))*cos(ang.theta[0])*force.force[1] +
6.                        (L0 + L1 * cos(ang.theta[1]) +
7.            L2*cos(ang.theta[1]+ang.theta[2]))*sin(ang.theta[0])*force.force[2];
8.    torque.torque[1] = (-L1*cos(ang.theta[1])-L2*cos(ang.theta[1]+
9.                        ang.theta[2])) * force.force[0] +
10.            (-L1*sin(ang.theta[1])-L2*sin(ang.theta[1]+ang.theta[2]))*
11.            sin(ang.theta[0])*force.force[1]+(L1*sin(ang.theta[1]) +
12.    L2*sin(ang.theta[1]+ ang.theta[2]))*cos(ang.theta[0])*force.force[2];
13.    torque.torque[2] = -L2*cos(ang.theta[1]+ang.theta[2])*force.force[0]
14.        -L2*sin(ang.theta[0])*sin(ang.theta[1]+ang.theta[2])*force.force[1]
15.        +L2*sin(ang.theta[1]+ang.theta[2])*cos(ang.theta[0])*force.force[2];
16.    //单位由 mm 转换为
17.    torque.torque[0] *= 0.001;
18.    torque.torque[1] *= 0.001;
19.    torque.torque[2] *= 0.001;
20.    return torque;
21.  }
```

E. Webots 输出栏超出关节电机最大扭矩警告，如图 2.15 所示

```
WARNING: DEF singleLegRobot Robot > DEF x SliderJoint > Solid "solid" > DEF z SliderJoint > Solid
"solid" > DEF Hip HingeJoint > Solid "solid(1)" > DEF Knee HingeJoint > RotationalMotor "Knee":
The requested motor torque 12.8753 exceeds 'maxTorque' = 10
```

图 2.15　警告

通常在伺服扭矩时，加入限幅操作，如关节电机最大扭矩设置为 10，则可进行如下操作限幅：

```
1.    if (torque.torque[1] > 10.0 )
2.        torque.torque[1]=10.0;
3.    else if (torque.torque[1] <-10.0)
4.        torque.torque[1]=-10.0;
```

第 3 章

基于SLIP的3D单腿稳定控制

扫码获取配套资源

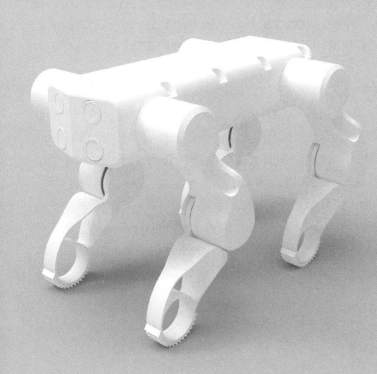

本章首先介绍 Raibert 在 *Legged Robot That Balance* 中的控制方法；然后，在 Webots 中搭建本书中第 6 章的单腿机器人跳跃模型，构建 3D 空间全向跳跃的控制器，深入学习 "三段式" 运动规划与控制方法；最后，根据搭建的基本仿真系统，进行参数优化与方法改进，通过仿真数据分析加深对平衡控制算法的理解。

3.1
基于 SLIP 的 3D 单腿稳定控制知识部分

3.1.1　背景知识

1974 年，当 Raibert 还是 MIT（麻省理工学院）的一名研究生时，他开始对腿上的运动感兴趣。贝特霍尔德·霍恩和米奇·韦斯一直在考虑把腿想象成车轮的辐条，所以他们把辐条车轮的边缘取下来，让它滚下斜坡，看看会发生什么。这个实验没有深入探索，但它让 Raibert 思考腿的运动。辐条车轮的一个问题是，小辐条太硬了，所以它们不能在地板上停留足够长的时间从而让轮毂有机会转动。Raibert 从埃米利奥·比齐（Emilio Bizzi）那里了解到，肌肉和肌腱的弹性特性在控制动物肢体运动中起着重要作用，在 Raibert 看来，如果辐条也有一些弹性，效果会更好。辐条车轮的另一个问题是缺乏保持直立的手段，所以它在一两步后就摔倒了，这让 Raibert 意识到它需要一个保持平衡的机制。

直到 1979 年，Raibert 才有机会进一步研究这门学科。当时 Raibert 正在加州理工学院教机器人课程，伊万·萨瑟兰（Ivan Sutherland）鼓励 Raibert 在他的部门开始一个机器人项目。Raibert 向他提到，一台由计算机控制的弹簧高跷机器人将是学习腿足平衡控制的一个很好的模型。他认真地考虑了这个想法，并提供资金使 Raibert 做了一个初步的机器，它可以用一条有弹性的像高跷一样的腿跳跃和平衡。

1980 年，Sutherland 和 Raibert 向 Craig Fields 展示了这个机器人，随后不到一个月的时间，美国国防高级研究计划局（Defense Advanced Research Projects Agency）就支持了这个项目，并启动了一项关于腿式车辆的国家研究计划。1981 年，Raibert 搬到匹兹堡，在卡耐基梅隆大学的腿部实验室工作，在那里 Raibert 和同事们完成了原型机，并继续建造了其他腿式机器人。

Raibert 搭建的早期单腿模型如图 3.1 所示。

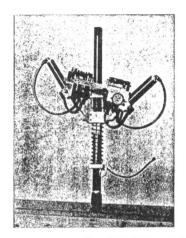

图 3.1　Raibert 搭建的早期单腿模型

3.1.2　"三段式"控制

Raibert 和同事们惊奇地发现，一组简单的算法就可以实现平面单腿跳跃，该方法分别考虑竖直方向（z 方向）的跳跃运动、前进方向（x 方向）移动和躯干姿态控制，即所谓的三段式控制方法。这种分解导致控制系统有三个部分：

① Hopping。控制系统在调节机器跳跃的高度的同时，实现周期循环跳跃运动。Hopping 是一种由身体质量、弹性腿和重力组成的振荡运动。在腿部支撑过程中，躯干受到弹性腿的弹力能实现腾空飞行，在飞行过程中，机器人系统沿着弹道轨迹运动。在每次支撑期间，控制系统通过支腿提供垂直推力，以维持腿部振荡并调节其振幅。

② Forward Speed。控制系统的第二部分用于调节向前运行的速度和加速度。这是通过在每个循环的腾空飞行时间内，将腿移动到相对于身体的一个适当向前的位置来完成的。在落地时，足端（也可称脚）相对于身体的位置对随后的支撑过程有很大的影响，导致机器人加减速。通过后面的学习我们会知道，相对躯干的落足位置可以实现当前机器人匀速运动、加速或者减速运动。

③ Posture。控制系统的第三部分是稳定机体的俯仰角（二维平面来说是俯仰角，对三维空间来说就包含俯仰角和横滚角），使机体保持直立。如果脚和地面之间有良好的力传递关系，那么身体和腿之间围绕 Hip 关节施加的扭矩会加速身体绕其俯仰轴运动。在每次支撑，一个执行器控制 Hip 关节，即可使身体恢复到直立姿势。

这个过程总结简化为：将运动分解为上下弹跳运动、前进速度和身体姿势的控制。将控件划分为这三个部分使运行更容易理解，并获得相当简单的控制系统。

以上平面内的三段式运动控制方法可以轻松地扩展到三维平面，可以理解为三维平面内的控制是正交的二维平面内控制的和。这种通过单腿实现周期稳定运动的形式也可以简单地拓展为双腿、四腿等其他形式，整个控制框架不变，这里引入"虚拟腿"的概念，如图 3.2 所示，即对角腿的四足运动，可以等效为双腿运动，而支撑相-摆动相间隙的双腿运动可以等效为单腿运动，由此统一了多足运动控制逻辑。

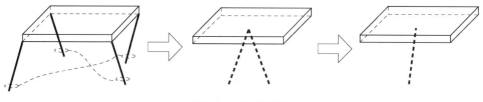

图 3.2　虚拟腿概念

3.1.3　平面单腿控制算法

3.1.3.1　躯干姿态控制

对如图 3.3 所示的平面单腿机器人，身体和腿由一个 Hip 关节连接。通过控制气阀驱动一对气缸，实现对 Hip 关节施加扭矩，控制躯干姿态。在身体和腿之间有传感器可以检测其角度 γ。控制阀实现躯干平衡的控制率为：

$$\tau = -k_{\text{p}}(\gamma - \gamma_{\text{d}}) - k_{\text{d}}\dot{\gamma} \tag{3.1}$$

其中，τ 为 Hip 关节维持平衡需要的扭矩；γ 为 Hip 关节角度；γ_{d} 为 Hip 关节期望角度；k_{p} 和 k_{d} 为增益变量。

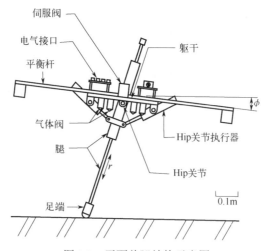

图 3.3　平面单腿结构示意图

在跳跃周期中，腿的非弹性部分的加速度耗散了一小部分的跳跃能量。腿的弹跳性部分指定为 m_{l}，系统的剩余质量为 m。由线性动量守恒可知，脚每次撞击到地面和离开地面时，跳跃能量的损失为 $m_{\text{l}}/(m_{\text{l}}+m)$。

下面介绍几个重要的术语：

Lift-off：表示足底与地面失去接触的瞬间。

Touchdown：表示足端与地面开始接触的瞬间。

Leg Shortens：表示足端触地后腿长度压缩。

Leg Full Length：表示腿伸到最长，为蹬地起跳蓄力。

Bottom：表示腿部的最低位置或起始位置。

3.1.3.2　状态机

Hopping 是一个有规律的周期运动控制，每个周期中的运动都可以归为不同阶段或者状态。下面引入状态机概念，状态机调控 Hopping 过程的每个阶段，各个阶段是通过当前感知数据，根据关键事件标志切换的。例如，Hopping 可以划分为 Compression、Thrust、Flight、Landing 等阶段，当弹簧腿的速度从负变为正，即 $\dot{\gamma} > 0$，则状态机从 Compression 切换为 Thrust，这个状态下要采取的控制为开始蹬腿并调整躯干姿态。完整的 Hopping 状态机如图 3.4 所示。

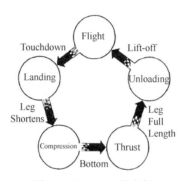

图 3.4　Hopping 状态机

3.1.3.3　速度控制

当摆动相结束时，脚第一次接触地面的位置对随后的支撑阶段产生的加速度有很大的影响。加速度就像一个倒立摆，因为脚相对于质心的位置决定了倾斜的时刻。此外，身体的前进速度影响加速度，垂直速度和轴向腿力也是如此。

控制系统通过在每次落地前为脚选择一个向前的位置来改变加速度，进而实现向前的奔跑速度。由于腿与身体相连，控制系统可以在飞行过程中随时调整脚相对于身体的位置，从而决定着陆时的相对位置。一旦脚触地后进入支撑相，控制系统不再采取进一步的动作，而是根据由身体、腿和地面组成的动力学系统规律运动。

对于每一个向前的速度，有一个独特的脚的位置，导致向前加速度为 0，既不加速也不减速，维持恒定速度，我们称它为中性点，记作 x_{f0}。对于 Hopping 无向前运动，中性点位于身体正下方，而对于非零向前速度，中性点位于身体前进方向的前方，且跑得越快，中性点越靠前，如图 3.5 所示。

当脚处于中性点时，在支撑的过程中，身体的重心在通过脚正上方时前后对称。图 3.6 中的图解是一种对称的运动行为，这种落足位置下机器人躯干在脚前和脚后运动需要的时间是一样的。脚不在中性点上的运动导致身体轨迹不再对称，如图 3.7 所示，它们根据脚位移的符号和大小而倾斜。歪斜轨迹具有非零的物体净向前加速度，因此向前速度发生变化，例如通过把脚放在中性点后面，它创造了一个净向前加速度，加速了机器，如图 3.7（a）所示；通过把脚放在中性点的前面，控制系统产生一个向后的净加速度，使机器减速，如图 3.7（b）所示。

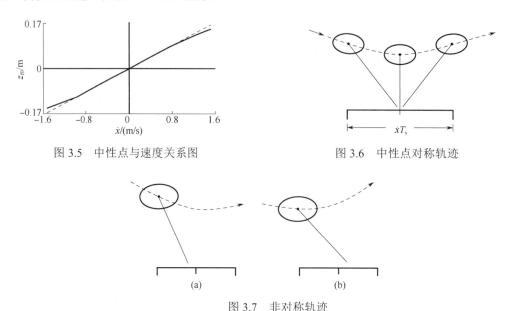

图 3.5　中性点与速度关系图　　　　　　图 3.6　中性点对称轨迹

图 3.7　非对称轨迹

　　为了调节前进速度，控制系统必须根据机器的状态和期望的行为计算出脚的前进位置。有几种方法可以解决这个问题：第一种方法是解系统的运动方程，求状态变量随时间的函数表达式，这些解可以反过来表示足部位置作为状态和期望行为的函数，不幸的是，描述力学系统的微分方程的解析解很少为人所知，在大多数情况下，解析解甚至不存在；第二种方法是通过大量的随机采样进行模拟，以便将结果制成表格，从而提供近似的解决方案；第三种方法，也就是本书采用的方法，是对解使用封闭形式的近似，即对实现的控制系统使用相当粗糙但简单的近似来估计中性点的位置，并为脚选择一个向前的位置。第三种方法尽管存在一些缺陷，但这些近似已被证明有效。

　　在计算前足位时，考虑了两个因素，即中性点和偏移量。用实际测得的运动速度来近似地确定中性点的位置，利用前向速度与期望速度的误差计算距离中性点的偏移量，使系统加减速，中性点和偏移量结合起来指定控制系统如何放置脚，上述表示为：

$$x_\mathrm{f} = \frac{\dot{x}T_\mathrm{s}}{2} + k_{\dot{x}}(\dot{x} - \dot{x}_\mathrm{d}) \tag{3.2}$$

　　式中，x_f 为足位坐标；T_s 为支撑时间；$\dot{x}_\mathrm{d}$ 为速度期望值；$k_{\dot{x}}$ 为 x 方向速度补偿系数。

　　当得到落足位置后，图 3.8 可以根据运动学计算期望的 Hip 角度：

$$\gamma_\mathrm{d} = \phi - \arcsin\left[\frac{\dot{x}T_\mathrm{s}}{2r} + \frac{k_{\dot{x}}(\dot{x} - \dot{x}_\mathrm{d})}{r}\right] \tag{3.3}$$

　　由此可以实现躯干姿态控制：

$$\tau = -k_\mathrm{p}(\phi - \phi_\mathrm{d}) - k_\mathrm{v}\dot{\phi} \tag{3.4}$$

式中，ϕ_d 为躯干姿态角期望值；k_p 和 k_v 为姿态控制的刚度和阻尼系数。

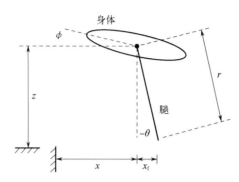

图 3.8　平面二维单腿简化控制量图

3.1.4　三维平面内单腿控制算法

三维平面内控制方法与二维平面内一致，即将原来的 x 方向拓展为正交的 x、y 方向，对应的控制策略总结为：

足位坐标：

$$x_f = \frac{\dot{x}T_s}{2} + k_{\dot{x}}(\dot{x} - \dot{x}_d)$$
$$y_f = \frac{\dot{y}T_s}{2} + k_{\dot{y}}(\dot{y} - \dot{y}_d) \tag{3.5}$$

式中，$k_{\dot{y}}$ 为 y 方向速度补偿系数。

身体姿态：

$$\tau_1 = -k_p(\phi_p - \phi_{p,d}) - k_v\dot{\phi}_p$$
$$\tau_2 = -k_p(\phi_r - \phi_{r,d}) - k_v\dot{\phi}_r \tag{3.6}$$

式中，ϕ_p 为当前俯仰姿态角；ϕ_r 为当前横滚姿态角；带有下角 d 的参数表示期望值。

此处再介绍一种腿足机器人重要的技术——状态估计。对于机器人系统来说，其关节的位置、力可以通过传感器测量，机器人的姿态角和角速度可以通过 IMU（惯性测量单元）测量，但机器人的运动速度、机器人的位置信息一般是无法直接通过机载传感器获得的，而上述的控制方法中经常要用的一个控制量是机器人的实际运动速度，测量这个速度就要用到基于腿部运动的状态估计方法。

其思路就是机器人腿部处于支撑相时，其足端与地面紧密接触，假设其不会滑动，则机器人机身的运动速度与腿部的运动速度即为大小相同方向相反的量。腿上的速度可以通过运动学变换得到，变换中腿部安装的关节位置传感器测量值映射为腿足末端运动速度，即可得到机器人机身的速度估计：

$$\dot{x} = -\dot{x}_f \tag{3.7}$$

3.1.5 单腿替代控制方案

3.1.5.1 系统介绍

前面介绍的方法均为原理性方法，均使用气动方式进行高度控制，而我们将要进行的仿真使用电机压缩弹簧的形式，也可使用该方法，所以这里介绍具体实施方法。

通过控制支撑相下腿的长度、躯干质量和弹簧腿组成的被动振荡器得以实现周期振荡。当这个振荡器的振幅超过了一定阈值，机器人离开地面后整个系统成为一个弹簧-质量振荡器，对于固定能量输入，系统在一个平衡跳跃高度达到平衡，因为在每个跳跃周期中损失的能量是单调的。

本节将探索每个跳跃周期总调整能量输入，以此控制跳跃高度。其思想是在支撑相时根据跳跃高度需求决定向系统输入或者输出能量。对于一个给定跳跃高度的Hopping，则对应一个具体的能量输入，因此腿在离开地面之前可以调整能量实现需要的跳跃运动。

图 3.9 展示了用于分析和仿真的机器人模型，包括躯干质量 m、弹簧腿的质量 m_1 以及一个柔性的地面，腿部具有一个直线运动关节，可以改变腿的长度，从而带动弹簧运动，执行器和弹簧一起压缩或者伸长实现脚与躯干之间力的输入。

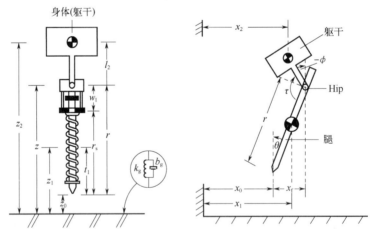

图 3.9　压缩弹簧单腿简化控制量图

腿部弹簧在躯干质量的压力下会压缩从而吸收能量，而在机器人离开地面时腿部伸长从而释放能量。同时结构上有一个限位，使得腿部弹簧不会超过最大长度，这个限位装置被建模为一个高刚度、高阻尼的器件。当 $r_s < r_{s0}$（初始长度）时，弹簧处于压缩状态，反之 $r_s > r_{s0}$ 处于伸长状态。当执行器改变其长度时，其对弹簧做功，增加或者减少弹簧储存的能量。执行器长度改变、腿部弹簧和机械限位使得模型能够跳跃运动，即在支撑过程中，执行器对连杆和弹簧-质量系统进行激励；当腿达到最大长度时，机械限位允许一小部分动能从身体（躯干）转移到腿上，从而使脚离开地面。

3.1.5.2　Hopping 运动规划

下面的分析适用于重复跳跃、交替执行支撑相和摆动相的系统。在腿提供支撑的周期部分，系统建模为弹簧-质量振荡器，其自然频率为：

$$\omega_n = \sqrt{\frac{k_1}{m}} \tag{3.8}$$

其中，k_1 为腿部刚度系数，单位为 kN/m。

在重复的 Hopping 过程中，每个支撑腿的持续时间为：

$$T_s = \frac{\pi}{\omega_n} = \pi\sqrt{\frac{m}{k_1}} \tag{3.9}$$

在腾空摆动阶段，系统沿着由重力加速度决定的抛物线轨迹运动。飞行的时间是：

$$T_f = \frac{2\dot{z}}{g} = \sqrt{\frac{8H}{g}} \tag{3.10}$$

其中，H 为腾空高度。

以上几个公式在我们仿真程序构建中是十分有用的。由此得到一个完整的 Hopping 周期为：

$$T = T_s + T_f = \pi\sqrt{\frac{m}{k_1}} + \sqrt{\frac{8H}{g}} \tag{3.11}$$

3.1.5.3　Hopping 能量

能量损失主要发生在 Hopping 周期中的 Touchdown 和 Lift-off 两处，在 Touchdown（腿着地瞬间），若腿突然停下来，它的动能就会消散到地面阻尼上，其损失的是腿部非弹性部分的运动能量：

$$\Delta E_{td} = \frac{1}{2}m_1\dot{z}_{1,td-}^2 \tag{3.12}$$

其中，$\dot{z}_{1,td-}^2$ 表示腿在 Touchdown 之前的竖直方向速度，损失的这部分能量是飞行阶段整个运动能量的固定部分，即 $m_1/(m+m_1)$。

腿部机械限位在 Lift-off 时同样损耗了相同比例能量，腿的竖直方向速度在支撑相为 0，躯干速度为 $\dot{z}_{2,lo-}$，在离开地面以后腿和躯干速度相同，即 $\dot{z}_{1,lo+} = \dot{z}_{2,lo+}$，通过 Lift-off 前后的线动量守恒可以得到：

$$m\dot{z}_{2,lo-} = (m+m_1)\dot{z}_{2,lo+}$$
$$\dot{z}_{2,lo+} = \frac{m}{m+m_1}\dot{z}_{2,lo-} \tag{3.13}$$

则运动能在 Lift-off 前后可以计算其损失量：

$$\Delta E_{\text{lo}} = -\frac{m_1 m}{2(m+m_1)} \dot{z}_{2,\text{lo}-}^2 \tag{3.14}$$

当腿的弹簧质量相对于腿的总质量较小时，效率很高。控制系统通过改变腿部执行器长度增加或者减少 Hopping 的能量，当执行器将腿长度从 w_1 增加到 $w_1 + \Delta w_1$，则 Hopping 能量变化为：

$$\Delta E_{w_1} = k_1 \left(\frac{1}{2} \Delta w_1^2 + \Delta w_1 r_{s\Delta} \right) \tag{3.15}$$

其中，$r_{s\Delta}$ 是相对腿静态长度的增量，即 $r_{s\Delta} = r_{s0} - r + w_1$，控制系统通过将 Δw_1 设置为负数实现能量减小。

对于机器人系统 Hopping 到一个期望高度 H_d，总的能量应该为：

$$E_{H_d} = m_1 g(H_d + l_1) + mg(H_d + r_{s0} + l_2) \tag{3.16}$$

这是假设在最高高度时，腿和身体的垂直速度为零，并且没有能量储存在腿部的计算公式。为了提供或去除特定能量 ΔE，腿部执行器变化量为：

$$\Delta w_1 = -r_{s\Delta} + \sqrt{r_{s\Delta}^2 + \frac{2\Delta E}{k_1}} \tag{3.17}$$

在实际工程应用中，可以据此设计更加简单可用的腿长调整量方法，如：

$$\Delta w_1 = \frac{H_d - H}{2} \lambda \tag{3.18}$$

利用期望跳跃高度 H_d 与实际跳跃高度 H 之差乘以一个比例系数 λ 进行控制。

3.1.5.4 算法实现

整体机器人稳定运动控制算法汇总如下。
首先为躯干控制：

$$\tau = -k_p(\phi - \phi_d) - k_v \dot{\phi}$$

其原理之前已介绍，此处不再详细展开。
其次为摆动腿落足位置规划：

$$x_f(t) = x_{cg} + x_{f0} + x_{f\Delta} - \dot{x}_d(t - t_{td}) \tag{3.19}$$

其中

$$x_{cg} = \frac{(l_1 - r)m_1 \sin\theta + l_1 m \sin\phi}{m_1 + m}$$
$$x_{f0} = \frac{\dot{x}T_s}{2} \tag{3.20}$$
$$x_{f\Delta} = k_\phi(\phi - \phi_d) + k_{\dot{\phi}}\dot{\phi} + k_{\dot{x}}(\dot{x} - \dot{x}_d)$$

x_{cg} 为等效的机器人质心位置，其原理为腿部和躯干的质心位置与质量乘积对质量和的均值；t_{td} 表示足触地的时间；x_{f0} 为中性点原理计算的落足位置；$x_{f\Delta}$ 的前两项为姿态补偿量，第三项为速度补偿量；k_{ϕ} 和 $k_{\dot{\phi}}$ 分别表示姿态的刚度和阻尼系数。

根据机器人 Hopping 运动惯性，期望的躯干姿态设置如下：

$$\gamma_{d} = \phi + \arcsin\frac{l_2 m \sin\phi + (m_1 + m)[x_{f0} + x_{f\Delta} - \dot{x}_d(t - t_{td})]}{l_1 m_1 + rm} \tag{3.21}$$

利用式（3.18）实现腿长跳跃高度控制，式（3.4）实现姿态稳定控制，式（3.19）实现落足点控制，进而实现速度控制，利用以上公式我们可以实现 3D 环境下单腿稳定跳跃控制。下面搭建仿真环境进行上述方法验证。

3.2
基于 SLIP 的 3D 单腿稳定控制仿真实验部分

3.2.1　仿真模型构建

Webots 中建立的单腿机器人模型如图 3.10 所示，最上方为躯干；下面紧接着为 Hip_a/a 关节，负责机器人腿部左右运动；继而为 Hip_f/e 关节，负责机器人腿部的前后运动。

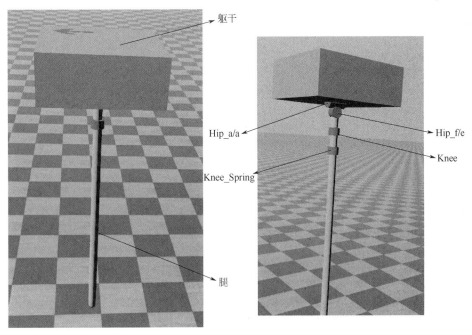

图 3.10　Webots 仿真中机器人模型

这两个关节均为旋转关节，在机器人支撑相时这两个关节负责调整机器人的姿态平衡，在摆动相时调整落足位置。下方为 Knee 关节，此为直线运动关节，可以上下移动；Knee_Spring 关节设置为被动关节，即关节处的电机最大输出力为 0，区别于其他关节，该关节的弹性系数 springConstant 设置为 1000，阻尼系数设置为 20，该关节即弹簧阻尼关节（图 3.11），模拟了实际的弹簧腿。

图 3.11　弹簧阻尼关节

3.2.2　代码分析

首先是 Webots 模型中传感、驱动等设备初始化，该部分内容不需要强调：

```
1.    int main(int argc, char** argv)
2.    {
3.        wb_robot_init();
4.        // 获取电机
5.        Servo[0] = wb_robot_get_device("Hip_a/a");
6.        Servo[1] = wb_robot_get_device("Hip_f/e");
7.        Servo[2] = wb_robot_get_device("Knee");
8.        Servo[3] = wb_robot_get_device("Knee_Spring");
9.        // 获取关节编码器
10.       PositionSensor[0] = wb_robot_get_device("Hip_a/a sensor");
11.       PositionSensor[1] = wb_robot_get_device("Hip_f/e sensor");
12.       PositionSensor[2] = wb_robot_get_device("Knee sensor");
13.       PositionSensor[3] =wb_robot_get_device("Knee_Spring sensor");
14.       // 使能编码器
15.       wb_position_sensor_enable(PositionSensor[0], TIME_STEP);
16.       wb_position_sensor_enable(PositionSensor[1], TIME_STEP);
17.       wb_position_sensor_enable(PositionSensor[2], TIME_STEP);
18.       wb_position_sensor_enable(PositionSensor[3], TIME_STEP);
19.       // IMU
20.       imu = wb_robot_get_device("inertial unit");
```

```
21.    wb_inertial_unit_enable(imu, TIME_STEP);
22.    ……
23.    ……
24.    // 键盘
25.    wb_keyboard_enable(TIME_STEP);
```

然后在主循环中首先读取传感器数据：

```
1.    /* main loop */
2.    do {
3.    unsigned char i;
4.    //Read the sensors :
5.    const double* Foot_Force=wb_touch_sensor_get_values(TouchSensor);
6.    const double* accelerometer_value=wb_accelerometer_get_values(accelerometer);
7.    const double* Gyro_value = wb_gyro_get_values(Gyro);
8.    const double* GPS_value = wb_gps_get_values(GPS);
9.    const double* RPY_Angle=wb_inertial_unit_get_roll_pitch_yaw(imu);
10.
11.    hipaa_value = wb_position_sensor_get_value(PositionSensor[0]);
12.    hipfe_value = wb_position_sensor_get_value(PositionSensor[1]);
13.    knee_value = wb_position_sensor_get_value(PositionSensor[2]);
14.    spring_value = wb_position_sensor_get_value(PositionSensor[3]);
```

接着根据足端力数据进行机器人支撑和摆动相判断：

```
1.    Foot_Vertical_Force = Kalman_filter5(Foot_Force[2], 1, 50);
2.    if (Foot_Vertical_Force > 10 || Foot_Vertical_Force < -10)
3.    {
4.        FS_State = 1; //stance
5.        T_s += TIME_STEP / 1000.0;          // 统计支撑相时间
6.        if ((0 == last_FS_State) && (1 == FS_State)) // 初进支撑相
7.        {
8.            z_max = Zs;     // 记录跳跃的最大高度
9.            Zs = 0;
10.           Measured_height = T_flight * T_flight * g /8.0; //计算高度
11.           T_flight = 0;   // 清空摆动相时间
12.           delta_w += (height - Measured_height) * 0.5 * 1.5;
13.           phi_td = RPY_Angle[0];   // 反馈 roll 角度
14.           phi_td1 = RPY_Angle[1];
15.        }
16.    }
17.    else                 // 和地面没有接触，摆动相
18.    {
19.        FS_State = 0; //flight
20.        T_flight += TIME_STEP / 1000.0;    // 统计摆动相时间
21.        if ((1 == last_FS_State) && (0 == FS_State)) // 刚进摆动相
22.        {
23.            if (T_s > pi * sqrt(1.0 * mb / kl) / 2.0)
```

```
24.              T_s_m = T_s;         // 更新实际测量的支撑相时间
25.          T_s = 0;         // 清空支撑相时间
26.      }
27.      if (Zs < GPS_value[1])    // 利用 GPS 数据记录摆动相跳跃最高位置
28.          Zs = GPS_value[1];    // 记录跳跃的最大高度
29. }
```

其中第 1 行采集当前 z 方向的足底力，如果值超过了 10N，表示与地面接触了，则执行第 3～15 行。其中第 5 行累积支撑相时间；第 6 行判断是否为一个周期内第一次进入支撑相；如果是的话，第 10 行则计算之前的摆动相过程中机器人的跳跃高度；第 12 行计算实际跳跃高度与期望跳跃高度误差的积分量，后面的*1.5 为可调参数，由此得到腿长压缩弹簧的调整量；第 13、14 行记录当前的 roll 和 pitch 角度，用于后续计算姿态平衡控制。如果足底力较小，表示机器人处于摆动相中，则执行第 18～29 行。里面第 20 行，统计摆动相执行时间；第 21 行如果是一个跳跃周期中第一次进入摆动相，即 Lift-off 时刻，判断支撑相实际时间是否大于弹簧振子周期，如果是的话，则记录实际支撑时间。

下面计算伸缩弹簧腿长度：

```
1.      // 如果支撑时间大于 0，表示已经开始支撑，并且时间小于半个弹簧振子周期
2.      if ((T_s > 0) && (T_s < (pi * sqrt(1.0 * mb / kl) / 2.0)))
3.      {
4.          phl[1] += 0.001;    // 弹簧伸长，蓄能准备弹跳
5.          if (phl[1] > delta_w)    // 累积到阈值
6.              phl[1] = delta_w;
7.      }
8.      if (0 == T_s)         // 处于摆动相阶段
9.      {
10.         phl[1] -= 0.001;    // 收缩腿，抬腿
11.         if (phl[1] < 0)    // 恢复到弹簧的原长后保持
12.         {
13.             phl[1] = 0;
14.         }
15.     }
```

其中第 2 行判断是否处于支撑相，其判断标准是实际支撑时间大于 0 并且支撑时间小于弹簧振子周期的一半，在这段时间内弹簧腿受到重力被压缩，而我们控制弹簧腿长度进行蹬地为弹跳蓄能。通过前面代码可以计算出来机器人实际跳跃高度与期望高度的差值，并积分为腿长度的调整量，这里执行腿长的积分式调整，每次增加 1mm，直到增加到设定的阈值，摆动相执行相反腿长调整过程，缩短腿长到自然长度。

上述代码实现了机器人腿长控制，进而控制机器人周期性跳跃。下面分成支撑相和摆动相进行姿态和速度控制：

```
1.      if (T_s < T_s_m / 2)    // 支撑腿，腿部压缩阶段
2.      {
3.          torque = lateral_legsweeping(..., RPY_Angle[0] / 2.0, ...);
4.          torque1 = forward_legsweeping( ...,RPY_Angle[1] / 2.0, ...);
```

```
5.    }else
6.    {
7.      torque = lateral_legsweeping( ..., -phi_td / 3.0, ...);
8.      torque1 = forward_legsweeping( ..., -phi_td1 / 3.0, ...);
9.    }
```

该部分代码被封装为两个函数，通过支撑时间进行调控，机器人在摆动阶段和支撑的腿部压缩阶段设置为一组期望姿态角，而在支撑相的后半阶段进行姿态修正，由此上述代码根据期望姿态角不同设置为两组。

在摆动阶段和支撑相的前半周期，由于期望躯干姿态水平，则该阶段期望 roll 和 pitch角度为实际角度的一半，期望能逐渐收敛到 0。而支撑相的后半阶段对姿态偏移进行矫正，期望的姿态角为 Touchdown 时，角度取反方向，且为其三分之一。当然这里的姿态角修正的范围可以进行调整，比如调整为二分之一则仿真时可见姿态调整幅度会变大，而调整为十分之一则调整的幅度会变小，但加减速时会明显存在滞后甚至先向后退然后向前跳跃，想想是不是和我们非专业百米跑步时向后倾一下身子再向前跑比较一致？

再看一下这个封装的 lateral_legsweeping 和 forward_legsweeping 函数，其内部算法原理是一样的，以其中的 lateral_legsweeping 进行讲解，由于本函数参数较多，分步进行讲解，首先介绍一下函数的参数：

```
1.    * input:
2.      state:      支撑-摆动状态
3.      t:          理论支撑相时间
4.      Ts:         实际支撑相时间
5.      phi:        躯干姿态角
6.      r:          腿长
7.      gama:       Hip 关节角
8.      x_v:        实际速度
9.      xd_v:       期望速度
10.     phi_d:      期望躯干姿态角
11.     phi_v:      期望躯干姿态角速度
12.
13.   * output:
14.   *  torque:    计算出来的维持 Hopping 运动姿态平衡的扭矩
15.   *  velocity:  返回量，直接计算的未滤波的速度
16.
17.   double lateral_legsweeping(char state, double t, double Ts, double phi, double r, double
gama, double x_v, double xd_v, double phi_d, double phi_v, double* velocity);
```

通过上面的函数输入输出可以知道，这个函数代入当前机器人运动状态（包括支撑-摆动状态、姿态角、期望速度以及实际速度），通过算法输出机器人维持姿态稳定或者运动速度的关节扭矩，同时反馈了机器人没有经过滤波的运动速度。下面介绍函数内部：

```
1.    double lateral_legsweeping(char state, double t, double Ts, double phi, double r, double
gama, double x_v, double xd_v, double phi_d, double phi_v, double* velocity)
```

```
2.  {
3.      static double gama1;              // static 变量，记录上次 Hip 关节角
4.      static double xf_t1;              // static 变量，记录上次的 x 方向位置
5.      double a, b;                      // 中间变量，用来作限位时比较
6.      double gama_d;                    // 期望关节角
7.      double gama_v;                    // 关节角速度，通过前后两次值作差计算得到
8.      // x 方向运动规划对应变量
9.      double x_cg, xf0, xf_delta, xf, xf_t;
10.     double torque;                   // 返回值，计算的扭矩
11.     double kphi = -5;                // 躯干姿态角控制参数
12.     double kphiv = 0;                // 躯干姿态角速度控制参数
13.     double kxv = 0.1;                // 速度跟随补偿参数
14.     double kp_gama_s = -180;         // 支撑相下姿态控制 kp 值
15.     double kv_gama_s = -20;          // 支撑相下姿态控制 kv 值
16.     double kp_gama_f = -120;         // 摆动相下姿态控制 kp 值
17.     double kv_gama_f = -6;           // 摆动相下姿态控制 kv 值
18.     if (state)//stance
19.         ....
20.     else // 摆动相，注释同上
21.         ....
22.     return(torque);
23. }
```

函数内部首先定义了算法对应的可调参数，其中通过 static 变量形式保存之前的姿态参数和位置参数，方便通过前后两次数据进行差值计算微分量，其他参数主要为姿态调整 PD 参数，分成了支撑相和摆动相两种类型。参数之后可见算法根据支撑相和摆动相分别进行计算。

下面展示支撑相算法：

```
1.  if (state)//stance
2.  {
3.      // 计算质心位置
4.      x_cg = ((l1 - r)*ml*sin(gama + phi)+l2* mb*sin(phi))/(ml + mb);
5.      xf0 = x_v * Ts / 2.0;
6.
7.      xf_delta= kphi *(phi -phi_d)+ kphiv*phi_v+ kxv * (x_v-xd_v);
8.      xf = x_cg + xf0 + xf_delta ;
9.      //此处 t_{td} 为 0 因为 t 即为 Touchdown 后累积时间
10.     xf_t = xf - xd_v * t;
11.
12.     // 仅用来进行数值大小比较，判断足端位置是否超限
13.     a = absabs(xf_t);
14.     b = absabs(r);
15.     if (a > b * 0.5) // 检测是否超限
16.         xf_t = b * 0.5 * xf_t / a;
17.
```

```
18.    // 姿态策略
19.    gama_d = -asin(xf_t / r) - phi;
20.    // dot{gama} 角速度
21.    gama_v=(gama - gama1) / (TIME_STEP / 1000.0);
22.    // 计算维持姿态平衡的力
23.    torque = kp_gama_s * (gama - gama_d) + kv_gama_s * gama_v;
24.    //通过位置差/时间得到速度
25.    *velocity = (r *sin(gama + phi) - xf_t1) /(TIME_STEP / 1000.0);
26.     xf_t1 = r * sin(gama + phi); // 更新 x 方向位置
27.    }
```

3.2.3　仿真验证

编译好代码后进行 Webots 仿真，选择编译的 3D_single_leg_controller 控制器，如图 3.12 所示，点击 realtime 仿真按钮，机器人开始自己建立跳跃振荡运动。默认的参数会使机器人正常跳跃起来，当参数不合适时，可能无法建立有效振荡，机器人会倾倒。机器人正常跳跃起来后通过键盘的 W、S、A、D 按键进行前、后、左、右速度调节，机器人会追踪给定速度。

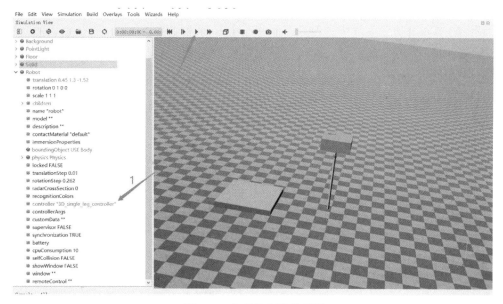

图 3.12　加载控制器仿真图

调整如下参数进行仿真验证，加深算法掌握程度。

① 周期振荡参数：

```
delta_w += (height - Measured_height) * 0.5 * 1.5;
```

修改其中的参数*1.5，仿真验证其正常振荡跳跃的参数。

② 姿态调整参数：

```
torque = lateral_legsweeping(FS_State, T_s, T_s_m, RPY_Angle[0], r+ l2 + l1 * 2, hipaa_value,
z_v1, v_desire[1], -phi_td / 3.0, Gyro_value[0], &z_v_estimate);
```

修改其中的 RPY_Angle[0]和-phi_td / 3.0 参数，仿真验证参数对姿态稳定性的影响。

③ 支撑摆动相参数：

```
1.      double kp_gama_s = -180;     // 支撑相下姿态控制 kp 值
2.      double kv_gama_s = -20;      // 支撑相下姿态控制 kv 值
3.      double kp_gama_f = -120;     // 摆动相下姿态控制 kp 值
4.      double kv_gama_f = -6;       // 摆动相下姿态控制 kv 值
```

修改以上参数，仿真验证对机器人稳定性的影响。

④ 机器人状态信息：

输出打印足底力信息、姿态角度信息，绘制机器人完整运动的曲线图，通过 GPS 信息采集机器人运动速度真值，绘制速度跟踪曲线图，查看机器人运动效果。

思考与作业

（1）作业
调出机器人运动速度最快（前进方向和左右方向速度矢量叠加）的稳定运动参数，仿真并绘制机器人关节层位置、速度、扭矩以及工作空间层足端位置、足底力、运动速度跟随曲线图。

（2）思考与探索
如何实现单腿机器人躯干变化或者负载变化下的参数自适应跳跃运动控制？

参考文献

[1]　Raibert M H. Legged robot that balance[M]. Cambridge: The MIT Press, 1986.

[2]　张国腾. 四足机器人主动柔顺及对角小跑步态运动控制研究[D]. 济南: 山东大学, 2016.

第 4 章

四足机器人全身位姿运动控制

扫码获取配套资源

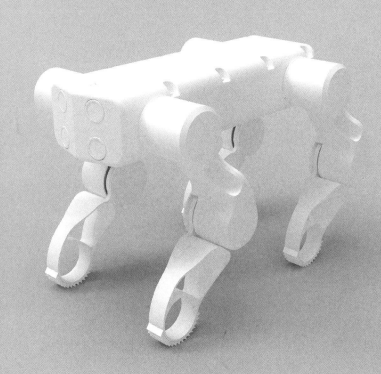

机器人在做具体任务时常需位姿调整,比如轮式巡检机器人需要云台支撑起摄像头,通过云台的旋转调整视野,从而实现现场监控、异常排查等任务。腿足机器人比轮式、履带式机器人,很大的优势就是全身位姿可控,如波士顿动力、MIT 等研发的四足机器人最早展示的功能就是全身位姿控制,可控的躯干位姿在装载感知、检测等模块时,省去了额外的云台等调整机构,有效提高机器人灵活作业能力。机器人的全身位姿控制有很多种实现方法,本章介绍一种基于运动学的简单方式,即通过运动学的方法让四足机器人站立状态下全身位姿可控。本章将运动学、逆运动学、关节伺服控制和简单的算法推导等融合一体,实现具有一定实用功能的机器人作业系统。

4.1
四足机器人全身位姿运动控制知识部分

4.1.1　位姿全身调整分析

首先,通过运动学的观点来分析四足机器人站立状态下的位姿调控,为了方便描述运动过程建立三个坐标系,分别为世界坐标系$\{W\}$、机器人躯干坐标系$\{B\}$和机器人每条腿上的肩坐标系$\{H\}$,并设定其原点为 Q,为便于描述设 Q'为躯干保持零姿态角变化时的原点,如图 4.1 所示。

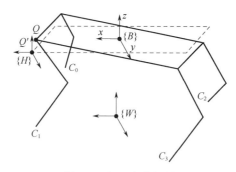

图 4.1　机器人坐标图

具体坐标系定义描述如下:
① $\{B\}$坐标系　固定在机器人躯干中心位置,按照右手法则,x 轴向前,z 轴向上。
② $\{H\}$坐标系　固定在机器人四条腿原点位置,与$\{B\}$坐标系轴一致,仅原点不同,该坐标系是随着躯干姿态变化而变化的。
③ $\{W\}$坐标系　设定为四条腿对角线中心位置,与$\{B\}$坐标系轴一致,仅原点不同。
若想实现机器人站立在固定位置下位姿控制,首先要保持世界坐标系下足端位置

$^W\boldsymbol{P}_C$ 为固定值。躯干坐标系 $\{B\}$ 原点在世界坐标系 $\{W\}$ 下表示为 $^W\boldsymbol{P}_B$，机器人位姿变换时，世界坐标系下 $\{H\}$ 原点位置表示为 $^W\boldsymbol{P}_H$，我们期望得到 $\{H\}$ 坐标系下的足端位置，即 $^H\boldsymbol{P}_C$，其可以通过世界坐标系下矢量变换得到：

$$^H\boldsymbol{P}_C = \boldsymbol{R}_W^H (^W\boldsymbol{P}_C - ^W\boldsymbol{P}_H) \tag{4.1}$$

又

$$^W\boldsymbol{P}_H = {}^W\boldsymbol{P}_B + \boldsymbol{R}_B^W \, {}^B\boldsymbol{P}_{Q'} \tag{4.2}$$

可得：

$$^H\boldsymbol{P}_C = \boldsymbol{R}_W^H (^W\boldsymbol{P}_C - {}^W\boldsymbol{P}_B - \boldsymbol{R}_B^W \, {}^B\boldsymbol{P}_{Q'}) \tag{4.3}$$

其中，$\boldsymbol{R}_W^H$ 表示世界坐标系到肩坐标系的旋转矩阵；$\boldsymbol{R}_B^W$ 表示躯干坐标系到世界坐标系的旋转矩阵。

又因 $\{B\}$ 与 $\{H\}$ 仅原点不同，坐标系各轴完全一致，则：

$$\boldsymbol{R}_W^H = \boldsymbol{R}_W^B \tag{4.4}$$

所以：

$$\begin{aligned} ^H\boldsymbol{P}_C &= \boldsymbol{R}_W^H (^W\boldsymbol{P}_C - {}^W\boldsymbol{P}_B) - {}^B\boldsymbol{P}_{Q'} \\ &= \boldsymbol{R}_W^B (^W\boldsymbol{P}_C - {}^W\boldsymbol{P}_B) - {}^B\boldsymbol{P}_{Q'} \end{aligned} \tag{4.5}$$

以上推导得到机器人姿态旋转时足端在 $\{H\}$ 坐标系下的位置，其中 $^W\boldsymbol{P}_C$ 为固定值，$^W\boldsymbol{P}_B$ 为世界坐标系下躯干质心位置，可以假设其为机器人标准站立状态下的位置 $^W\boldsymbol{P}_{B'}$，加上躯干位置偏移 $\boldsymbol{\Delta}$，即在 $^B\boldsymbol{P}_C$ 基础上增加躯干位置偏移 $\boldsymbol{\Delta}$ 来实现平移控制：

$$\begin{aligned} ^H\boldsymbol{P}_C &= \boldsymbol{R}_W^B (^W\boldsymbol{P}_C - {}^W\boldsymbol{P}_{B'} - \boldsymbol{\Delta}) - {}^B\boldsymbol{P}_{Q'} \\ &= \boldsymbol{R}_W^B (^B\boldsymbol{P}_C - \boldsymbol{\Delta}) - {}^B\boldsymbol{P}_{Q'} \end{aligned} \tag{4.6}$$

式中，$^B\boldsymbol{P}_{Q'}$ 为机器人躯干尺寸决定的恒定量；$^B\boldsymbol{P}_C$ 为指定的机器人位置，通常我们设定为标准站立时躯干坐标系下的位置；$\boldsymbol{R}_W^B$ 为机器人躯干 rpy 角度决定的变换矩阵，通过上式即可得到我们期望的躯干位姿变换。

完整的机器人站立状态位姿变换控制如图 4.2 所示，通过键盘、遥控器或者其他方式获得用户期望机器人质心偏移量 Δx、Δy、Δz 和期望的躯干 rpy 姿态 $\varPhi_r$、$\varPhi_p$、$\varPhi_y$，然后代入上述推导的运动规划器，即 $\boldsymbol{R}_W^B (^B\boldsymbol{P}_C - \boldsymbol{\Delta}) - {}^B\boldsymbol{P}_{Q'}$，其中 $\boldsymbol{\Delta} = [\Delta x \quad \Delta y \quad \Delta z]^T$，

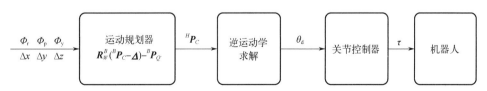

图 4.2 四足机器人位姿运动规划控制图

$\boldsymbol{R}_W^B = \boldsymbol{R}_x(\varPhi_r)\boldsymbol{R}_y(\varPhi_p)\boldsymbol{R}_z(\varPhi_y)$，$\boldsymbol{R}_x(\varPhi_r)$ 表示沿 x 方向旋转 $\varPhi_r$ 的旋转矩阵，其他以此类推。由此得到机器人每条腿 $\{H\}$ 坐标系下足端位置 $^H\boldsymbol{P}_C$，此时可通过逆运动学解算得到期望的关节角 θ_d，进而通过关节 PD、位置控制等方式得到关节扭矩控制量。当然，得到足端位置后可以通过腿部虚拟模型、阻抗控制等方式实现伺服控制。

4.1.2　URDF 文件简介

本章构建四足机器人模型时用到 URDF 文件，这里介绍关于 URDF 的基本知识。一个机器人可以简化为多个连杆与关节的连接组合，如图 4.3 所示。

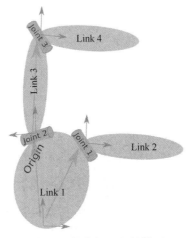

图 4.3　简化机器人树模型

图 4.3 中 Link1 作为机器人的基座，其通过 Joint1 和 Joint2 两个关节分别与 Link2 和 Link3 连接，而 Link3 又通过 Joint3 与下一连杆即 Link4 相连接。从图 4.3 中看出机器人模型通过关节将不同连杆相互连接而构建。

URDF 就是通过 Link、Joint 等描述出完整的机器人模型，当然除了 Link 和 Joint 还有其他组件，这里不过多涉及，学会 Link 和 Joint 对构建一个机器人模型已经足够用了。下面分别具体介绍 Link 和 Joint。

4.1.2.1　Link 简介

URDF 中的 Link 用于描述机器人某个部件（也即刚体部分）的外观和物理属性，比如：机器人底座、轮子、激光雷达、摄像头等。每一个部件都对应一个 Link，在 Link 标签内，可以设计该部件的形状、尺寸、颜色、惯性矩阵、碰撞参数等一系列属性，如图 4.4 所示。

从图 4.4 看出一个 Link 主要包含碰撞模型 Collision、显示模型 Visual 和惯量模型 Inertial。

Inertial：描述连杆的质量、质心位置和中心惯性属性，其内部参数包括：

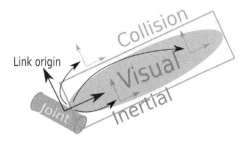

图 4.4　Link 模型

<origin> 描述连杆质心相对于连杆坐标系的位置和方向。

● 属性 1：xyz=x 偏移、y 偏移、z 偏移。

● 属性 2：rpy=x 翻滚、y 俯仰、z 偏航（单位是弧度）。

<mass> 描述该 Link 的质量。

<inertial> 描述 Link 关于质心坐标系的转动惯量 I_{xx}、I_{yy}、I_{zz} 和 I_{xy}、I_{xz}、I_{yz}。

Visual：描述外观(对应的数据是可视的)。

<origin> 设置偏移量与倾斜弧度。

● 属性 1：xyz=x 偏移、y 偏移、z 偏移。

● 属性 2：rpy=x 翻滚、y 俯仰、z 偏航（单位是弧度）。

<metrial> 设置材料属性（颜色）。

● 标签：color。属性：rgba=红、绿、蓝权重值与透明度。

<geometry> 设置连杆的形状。

● 标签 1：box（盒状）。属性：size=长（x）、宽（y）、高（z）。

● 标签 2：cylinder（圆柱）。属性：radius=半径，length=高度。

● 标签 3：sphere（球体）。属性：radius=半径。

● 标签 4：mesh（为连杆添加皮肤）。属性：filename=资源路径（格式：package：//<packagename>/<path>/文件）。

Collision：描述连杆的碰撞属性，Collision 可能与 Vision 属性不同，例如，通常使用更简单的碰撞模型来减少计算时间。注意：同一 Link 可以存在多个<collision>标签实例，它们定义的几何形状的结合形成了 Link 的碰撞，其属性参数如下：

<origin> 设置偏移量与倾斜弧度。

● 属性 1：xyz=x 偏移、y 偏移、z 偏移。

● 属性 2：rpy=x 翻滚、y 俯仰、z 偏航（单位是弧度）。

<geometry> 设置连杆的形状。

● 标签 1：box（盒状）。属性：size=长（x）、宽（y）、高（z）。

● 标签 2：cylinder（圆柱）。属性：radius=半径，length=高度。

● 标签 3：sphere（球体）。属性：radius=半径。

● 标签 4：mesh（为连杆添加皮肤）。属性：filename=资源路径（ROS 工程中一般格式：package://<packagename>/<path>/文件）。

4.1.2.2 Joint 简介

Joint 单元描述关节的运动学和动力学，也规定了关节的安全限位，一个关节描述如图 4.5 所示。

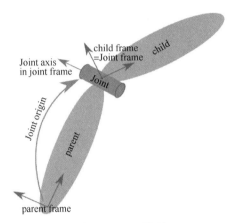

图 4.5 Joint 模型

其内部参数如下：

name（必要）：指定关节名字。

Type（必要）：指定关节的类型，可以是以下其中一种：

● revolute：一种沿轴旋转的铰链关节，其范围由上限和下限指定。

● continuous：连续的铰链关节，绕轴旋转，没有上限和下限。

● prismatic：沿轴滑动的滑动关节，其范围由上限值和下限值指定。

● fixed：这不是一个真正的关节，因为它不能移动，所有的自由度都是锁定的。这种类型的接头不需要指定其他属性，如 axis、dynmaics 等。

● floating：这个关节允许所有 6 个自由度的运动。

● planar：这个关节允许在垂直于轴的平面上运动。

<origin>：子连杆在父连杆坐标中的位置。

● 属性 1：xyz=x 偏移、y 偏移、z 偏移。

● 属性 2：rpy=x 翻滚、y 俯仰、z 偏航（单位是弧度）。

<parent>：父 Link 名称。

<child>：子 Link 名称。

<axis>［默认为(1,0,0)］：在关节框架中指定的关节旋转/平移轴。

<calibration>（可选）：关节的参考位置，用于校准关节的绝对位置。

● rising（可选）：当关节向正方向移动时，这个参考位置将触发上升沿。

● falling（可选）：当关节向正方向移动时，这个参考位置将触发下降沿。

<dynamics>：指定关节物理属性的元素。

● damping（可选）：关节阻尼值（对于移动关节，单位为 N·s/m，对于旋转关节，单位为 N·m·s/rad）。

- friction （可选）：关节静摩擦值（移动关节 N 为单位，旋转关节 N·m 为单位）。

<limit>：一个元素可以包含以下属性：

- lower （可选，默认为 0）：一个指定关节下限的属性。
- upper （可选，默认为 0）：指定关节上限的属性。
- effort （必要）：关节的最大输出力。
- velocity （必要）：关节最大速度。

4.1.2.3　典型案例展示

在了解上述 URDF 描述方式后，下面以四足机器人 URDF 为例进行说明，如图 4.6 所示。

```
<link name="trunk">
  <visual>
    <origin rpy="0 0 0" xyz="0 0 0"/>
    <geometry>
      <mesh filename="package://sduog24_description/meshes/body_withMotor.STL" scale="1 1 1"/>
    </geometry>
    <material name="silver"/>
  </visual>
  <collision>
    <origin rpy="0 0 0" xyz="0 0 0"/>
    <geometry>
      <box size="0.271 0.193 0.094"/>
    </geometry>
  </collision>
  <inertial>
    <origin rpy="0 0 0" xyz="-0.0 0.0 -0.0"/>
    <mass value="5.4"/>
    <inertia ixx="0.018449" ixy="0.0" ixz="0.0" iyy="0.044007" iyz="-0.0" izz="0.055752"/>
  </inertial>
</link>
```

图 4.6　四足机器人 trunk 连杆描述图

机器人的躯干命名为"trunk"，其 visual 部分的原点就在默认位置，而其 geometry（即显示部分）使用了 mesh 文件，这个文件是工程设计文件 STL 格式，且其显示的颜色定义为"silver"，这是之前定义好的一种 rgbd 颜色；在其 collision 部分没有使用复杂的 mesh 而是简化成 box，这在碰撞物理属性计算时会极大地提高效率（牺牲了高保真性，但一般采用的简化圆柱体或者立方体与实际 mesh 大小一致，其碰撞效果保持了良好的真实性）；inertial 部分给定了这个连杆的重量和惯性张量，其参数一般在机器人设计时通过 SolidWorks 等软件导出。

图 4.7 描述了机器人躯干与大腿连杆的连接关系，首先定义这个关节的名字为"FR_hip_joint"，设置其类型为 revolute，即旋转关节类型；然后指定这个关节的位置和姿态角度，这些参数也是在机器人设计时确定的；parent 和 child 属性里面分别指定了父连杆和子连杆，这里的父连杆为 trunk，即图 4.6 描述的躯干，而"FR_hip"是右前大腿连杆；在 axis 中指定了这个关节是沿着 x 轴旋转的；dynamics 中设置了关节阻尼和静摩擦为默认参数 0，这些参数需要根据实际关节情况设定以保持真实性；在 limit 属性中设置了关节的最大输出力，这里机器人关节电机峰值扭矩为 24N·m，最大转速为 40rad/s，所以设置其 effort 为 24，velocity 为 40，lower 和 upper 是机器人实际关节的最大和最小极限位置。

```
<joint name="FR_hip_joint" type="revolute">
  <origin rpy="0 0 0" xyz="0.19 -0.05 0"/>
  <parent link="trunk"/>
  <child link="FR_hip"/>
  <axis xyz="1 0 0"/>
  <dynamics damping="0" friction="0"/>
  <limit effort="24" lower="-1.0471975511965976" upper="1.0471975511965976" velocity="40"/>
</joint>
```

图 4.7　四足机器人 Joint 描述图

4.2
四足机器人全身位姿运动控制仿真实验部分

4.2.1　仿真模型构建

　　按照前面介绍的机器人模型搭建方法，在 Webots 环境中搭建四足机器人模型，如图 4.8 所示，该机器人与 MIT 开源的 Mini Cheetah 机器人尺寸结构相似，但优化后的关节扭矩更大、结构更稳定，山东优宝特智能机器人公司将其产业化为 Yobogo，提供了实验开发和验证平台，仿真模型搭建过程不再具体介绍。机器人所有关节按照向前、向右、向上为轴的正方向，逆时针旋转为正，模型中有 IMU、陀螺仪、加速度等传感器，虽然本次实验中不利用这些信息，但可以作反馈监测信息用。

图 4.8　机器人仿真模型图

　　可以发现本章中的机器人不是之前章节用圆柱体、立方体搭建的模型，而是由有棱角的机械设计零件组成的，这里介绍两种方法来搭建这种更加保真的机器人模型。

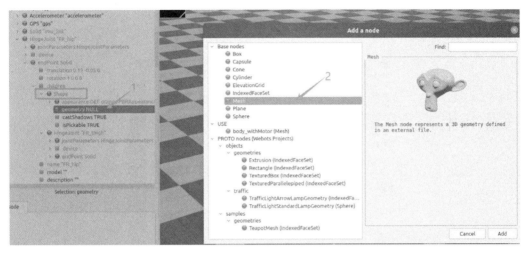
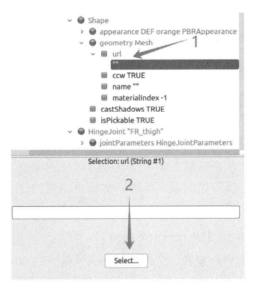

第一种方法基于之前介绍的方法，在添加 Shape 模型时不再添加圆柱体、立方体等标准的模型，而是使用 Mesh，如图 4.9 所示。然后在 Mesh 属性的 url 中选择准备好的设计图文件路径，如图 4.10 所示。这种操作将之前所有简化圆柱体、立方体等模型替换为真实的文件，使模型真实。

图 4.9　使用 Mesh 模型图

图 4.10　Mesh 模型文件选择图

第二种方法更加高效但需要掌握 URDF 文件知识，Webots 支持 URDF 转化为可识别的模型文件，这种转换通过官方提供的 urdf2webots 工具实现。在 Ubuntu 系统下该工具可通过 pip 安装，十分简单：

```
pip install urdf2webots
```

准备好 URDF 文件后，可以通过如下指令自动生成 Webots 模型：

```
python -m urdf2webots.importer --input=someRobot.urdf
```

其中 someRobot.urdf 即为自己的 URDF 文件。

使用这种方法需要注意的一点是：在生成的模型中，imu 等模型都被建模为 Solid，无法直接被识别为 Webots 的 inertial unit。但这种问题可通过点击模型自动转换解决，如图 4.11 所示，URDF 文件生成的模型将 inertial unit 识别为 Solid，通过 Transform 转换为 Webots 可识别的 inertial unit。

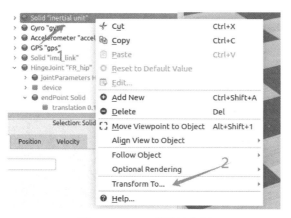

图 4.11 Solid 模型转换图

4.2.2 代码讲解

通过上面公式推导需要的变量包括 ${}^{B}\boldsymbol{P}_{C}$、${}^{B}\boldsymbol{P}_{Q'}$ 和 $\boldsymbol{R}_{W}^{B}$。设定 ${}^{B}\boldsymbol{P}_{C}$ 为机器人正常站立状态下躯干坐标系下足端位置，该值与机器人尺寸结构相关，例如右前腿为 $[L_{\text{body}} / 2 \quad -W_{\text{body}} / 2 \quad -0.25]^{\text{T}}$，左后腿为 $[-L_{\text{body}} / 2 \quad W_{\text{body}} / 2 \quad -0.25]^{\text{T}}$，其中的 -0.25 是人为指定的默认站立高度，在腿部工作空间范围内可任意设置，L_{body} 和 W_{body} 分别是躯干的长度和宽度；${}^{B}\boldsymbol{P}_{Q'}$ 是躯干坐标系下各腿肩坐标系原点的位置向量，由于 Q' 在 $\{B\}$ 的 xy 平面上，所以其与 ${}^{B}\boldsymbol{P}_{C}$ 的 xy 坐标一致，但 z 坐标为 0；$\boldsymbol{R}_{W}^{B}$ 为躯干旋转 rpy 角度对应的旋转矩阵，表示为 $\boldsymbol{R}_{W}^{B} = \boldsymbol{R}_{x}(\text{roll})\boldsymbol{R}_{y}(\text{pitch})\boldsymbol{R}_{z}(\text{yaw})$。

本次工程中用到多次矩阵变换，为实现高效方便的 C/C++ 矩阵操作变换，本代码中使用第三方库 Eigen，它是通过 C 语言搭建的面向矩阵运算的轻量化库。为方便使用 C 和 C++ 的变量定义，我们创建了 cTypes.h 和 cppTypes.h 两个头文件，以模板的形式将名称很长的矩阵名简化。对应上述理论和变量声明构建的控制器代码框架如图 4.12 所示。

该控制器为 CMake 工程，其中 SDUog_Position_Posture_Controller.cpp 为主程序文件；LegController.h 和 .cpp 文件构建了一个腿部运动控制的类，负责所有腿部关节信息更新、腿部关节伺服控制等功能；cTypes.h 和 cppTypes.h 里面针对用到的矩阵库 Eigen 进行了简化定义，完整程序见本章附录 A。下面对重要程序部分进行说明。

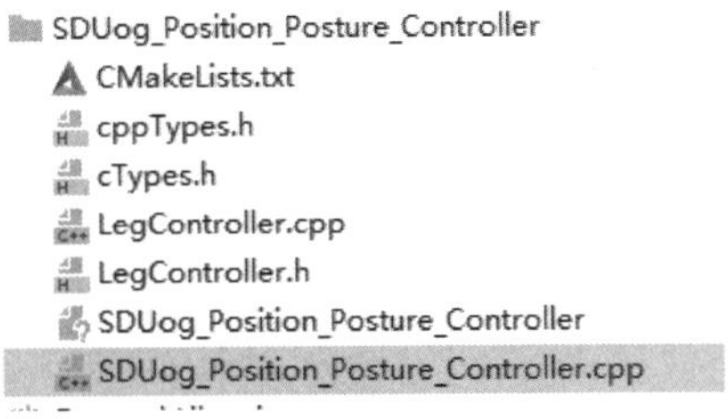

图 4.12　控制器文件构成图

程序代码中首先看初始变量定义：

```
1.   base_2_hip[0]<<_bodyLength/2.0,-(_bodyWidth/2.0),0.0;
2.   base_2_hip[1]<<_bodyLength/2.0,_bodyWidth/2.0,0.0;
3.   base_2_hip[2]<<-_bodyLength/2.0,-(_bodyWidth/2.0),0.0;
4.   base_2_hip[3]<<-_bodyLength/2.0,_bodyWidth/2.0,0.0;
5.   base_2_foot[0]<<_bodyLength/2.0,(_bodyWidth/2.0+_abadLinkLength),-0.25;
6.   base_2_foot[1]<<_bodyLength/2.0,_bodyWidth/2.0+_abadLinkLength ,-0.25;
7.   base_2_foot[2]<<-_bodyLength/2.0,-(_bodyWidth/2.0+_abadLinkLength),-0.25;
8.   base_2_foot[3]<<-_bodyLength/2.0,_bodyWidth/2.0+_abadLinkLength,-0.25;
```

其中 base_2_hip 即为 $^{B}\boldsymbol{P}_{Q'}$，base_2_foot 即为 $^{B}\boldsymbol{P}_{C}$。再看完整的程序架构：

```
1.   int main(int argc, char **argv) {
2.    Robot *robot = new Robot();
3.    wb_keyboard_enable(TIME_STEP);
4.    TIME_STEP = (int)robot->getBasicTimeStep();
5.    LegController<float>* _legController= new LegController<float>;
6.    ...
7.    ....
8.    while (robot->step(TIME_STEP) != -1) {
9.     _legController->updateData();              // 关节位置/速度更新
10.    keyboard_cmd();                            // 采集键盘指令
11.    rpy<< rpy_des[0],rpy_des[1],rpy_des[2]; // 期望姿态指令传递
12.    delta_p << p_des[0],p_des[1],p_des[2];  // 期望位置指令传递
13.    //计算变换矩阵
14.    Rr<<1,0,0,0,cos(rpy(0)),-sin(rpy(0)),0,sin(rpy(0)),cos(rpy(0));
15.    Rp<<cos(rpy(1)),0,sin(rpy(1)),0,1,0,-sin(rpy(1)),0,cos(rpy(1));
16.    Ry<<cos(rpy(2)),-sin(rpy(2)),0,sin(rpy(2)),cos(rpy(2)),0,0,0,1;
17.    R_b = Rr * Rp * Ry;
18.    //执行位姿变换
19.    for(int i=0;i<4;i++)
20.    {
21.     desired_leg_p[i]=R_b*(base_2_foot[i]-delta_p)-base_2_hip[i];
22.     qDes[i]=_legController->InverseKimatics(desired_leg_p[i],i);
23.     _legController->jointPDControl(i,qDes[i],qdDes);
24.     _legController->updateCommand();
25.    }
26.   };
```

第 2 行为 Webots 默认需要创建的控制器；第 3 行为 Webots 中键盘使能；第 4 行为采集机器人控制器周期，默认为 2ms；第 5 行为创建一个腿部运动控制器，该控制器实现腿部运动学、逆运动学、腿部运动信息更新等功能；第 6～7 行省略了变量初始化部分；第 8～26 行为周期执行内容。其中，第 9 行更新关节位置、速度等信息；第 10 行读取键盘信息，该函数实现按键（表 4.1）转换为躯干运动指令；第 11～12 行获得按键指令，然后填充为姿态和位置运动指令；第 14～16 行为绕 x、y、z 轴的旋转矩阵；第 17 行构建总的世界坐标系到躯干坐标系的变换矩阵；第 19～25 行为四条腿的控制更新，其中第 21 行为公式 $^{H}\boldsymbol{P}_C = \boldsymbol{R}_W^B(^{B}\boldsymbol{P}_C - \boldsymbol{\Delta}) - {}^{B}\boldsymbol{P}_{Q'}$ 的代码实现，得到 $\{H\}$ 坐标系下的期望足端位置 desired_leg_p，第 22 行将足端位置代入逆运动学公式计算得到关节期望位置 qDes，第 23 行调用腿部关节控制器 JointPDControl 将期望位置、期望速度、PD 参数传入控制器，随后第 24 行更新指令并执行伺服控制。

表 4.1　键盘控制指令表

按键	功能	按键	功能
W	x 方向控制量增加 $\varDelta$	R	x 方向旋转角（roll）增加 $\varDelta$
S	x 方向控制量减小 $\varDelta$	F	x 方向旋转角（roll）减小 $\varDelta$
A	y 方向控制量增加 $\varDelta$	A	y 方向旋转角（pitch）增加 $\varDelta$
D	y 方向控制量减小 $\varDelta$	D	y 方向旋转角（pitch）减小 $\varDelta$
UP	z 方向控制量增加 $\varDelta$	Q	z 方向旋转角（yaw）增加 $\varDelta$
DOWN	z 方向控制量减小 $\varDelta$	E	z 方向旋转角（yaw）减小 $\varDelta$
LEFT	所有变量逐渐恢复为 0	RIGHT	所有变量逐渐恢复为 0

上述代码中重要的一部分是求解逆运动学：

```
1.    Vec3<T> LegController<T>::InverseKimatics(Vec3<T> leg_p,int leg_id)
2.    {
3.        Vec3<float> rs;
4.        float delta;
5.        float fra;
6.        if (leg_id ==0 || leg_id == 2)
7.            delta = 1;
8.        else
9.            delta =-1;
10.
11.       Vec3<float> p ;
12.       p<< -leg_p(0),leg_p(1),leg_p(2) ;
13.       float L0 = _abadLinkLength;
14.       float L1 = _hipLinkLength;
15.       float L2 = _kneeLinkLength;
16.
17.       float sqrt_inf =pow(2*L0*p(2),2) - 4*(p(1)*p(1)+p(2)*p(2))*(L0*L0-p(1)*p(1));
18.       if(sqrt_inf<0.00001)
```

```
19.        sqrt_inf = 0.;
20.    if(leg_p(1)>0.0001)
21.        fra = -delta*2*L0*p(2)+ sqrt(sqrt_inf);
22.    else
23.        fra = -delta*2*L0*p(2)- sqrt(sqrt_inf);
24.    float dem = 2* (p(1)*p(1)+p(2)*p(2));
25.    rs(0) = asin(fra/dem);
26.
27.    float L12 = sqrt(p(0)*p(0)+pow(delta*p(1)+L0*cos(rs(0)),2)+ pow(p(2)+delta*L0*
sin(rs(0)),2));
28.
29.    float fai = acos((L1*L1+L12*L12-L2*L2)/(2*L1*L12));
30.    rs(1) = atan2(-p(0),-p(2)/cos(rs(0)))-fai;
31.    rs(2) = 3.1415926-acos((L1*L1+L2*L2-L12*L12)/(2*L1*L2));
32.    return rs;
33. }
```

其对应的理论推导在此不再赘述，详细运动学和逆运动学公式见本章附录 B。

程序中更新指令部分内容：

```
1.    void LegController<T>::updateCommand() {
2.        for (int leg = 0; leg < 4; leg++) {
3.        datas[leg].tauEstimate =
4.            commands[leg].kpJoint*(commands[leg].qDes-datas[leg].q)+
5.            commands[leg].kdJoint*(commands[leg].qdDes-datas[leg].qd); }
6.        //输出扭矩约束 最大为 24N·m
7.        for(int leg=0;leg<4;leg++)
8.            for(int joint =0;joint<3;joint++)
9.                if (fabs(datas[leg].tauEstimate[joint])>MOTOR_MAX_TORQUE)
10.                    datas[leg].tauEstimate[joint]=
datas[leg].tauEstimate[joint]/fabs(datas[leg].tauEstimate[joint])*MOTOR_MAX_TORQUE;
11.        // 判断是否有异常求解结果
12.        for(int legid =0;legid<4;legid++)
13.            for (int i = 0; i < 3; i++)
14.                if(std::isnan( datas[legid].tauEstimate[i]))
15.                    datas[legid].tauEstimate[i] = 0 ;
16.
17.        //执行力控制
18.        for (int i = 0; i < 3; i++)
19.        {
20.          wb_motor_set_torque(RF_motor[i], datas[0].tauEstimate[i]*1.0);
21.          wb_motor_set_torque(LF_motor[i], datas[1].tauEstimate[i]*1.0);
22.          wb_motor_set_torque(RH_motor[i], datas[2].tauEstimate[i]*1.0);
23.          wb_motor_set_torque(LH_motor[i], datas[3].tauEstimate[i]*1.0);
24.        }
25. }
```

第 2～5 行为关节 PD 控制算法；第 7～10 行对每个关节扭矩进行检测，如果计算出来的扭矩大于设定的关节扭矩最大值，则限定在最大值上；第 12～15 行检测关节扭矩是否为正常值，这是因为通过逆运动学计算出来的数值存在 null 的风险；第 18～24 行将计算的关节扭矩送到每个关节电机上去执行。

4.2.3　仿真步骤

机器人选择 SDUog_Position_Posture 控制器正常执行仿真后，机器人会站立在地面，通过键盘给定期望躯干运动和旋转后机器人位姿如图 4.13 所示。

(a) 正常站立状态

(b) x轴前后平移后状态

(c) y轴左右平移后状态

(d) z轴上下平移后状态

(e) x 轴顺/逆旋转(roll)后状态

(f) y 轴顺/逆旋转(pitch)后状态

(g) z 轴顺/逆旋转(yaw)后状态

图 4.13　机器人仿真效果图

思考与作业

仿真环境中搭建了一个随机运动的云台，将四足机器人放置在该云台上，通过本章学习到的知识，设计机器人控制器，使机器人在云台上保持姿态稳定（roll 和 pitch 角尽量维持在 0）的时间越长越好。

提示：机器人不进行任何控制时，随着云台随机的转动，机器人会因摩擦力不够而滑落或翻滚。控制器设计中姿态调整策略可以参考人或者动物在上下坡面时的姿态，即使当前没有太多力学理论知识支撑，但从自然界中生物的行为建立仿生运动策略也是一种很好的科研方式。

图 4.14 为参考适应策略图。

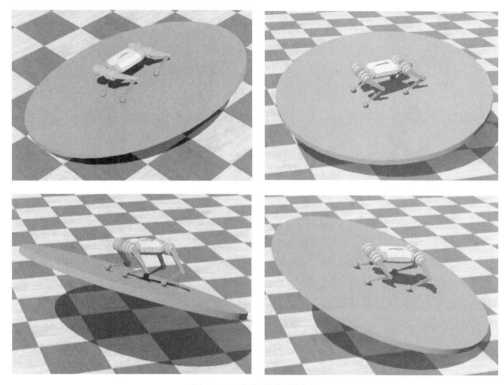

图 4.14　参考适应策略图

参考文献

[1]　Craig J J. 机器人学导论[M]. 北京: 机械工业出版社, 2023.

[2]　Urdf Tutorials[EB/OL]. https://wiki.ros.org/urdf/Tutorials.

本章附录

A. 主程序完整代码

```
1.   #include <webots/robot.h>
2.   #include <webots/Robot.hpp>
3.   #include <webots/keyboard.h>
4.   #include <webots/inertial_unit.h>
5.   #include "LegController.h"
6.
7.   using namespace webots;
8.   // 控制模型用参数
9.   Vec 3<float> base_2_hip[4];          // Hip 坐标系原点在躯干 base 坐标下位置
10.  Vec 3<float> base_2_foot[4];         // 足端在躯干 base 坐标系下的位置
11.  // 中间变量
```

```
12.  Mat 3<float> R_b_inv, R_b;              // 变换矩阵
13.  Vec 3<float> rpy;                        // 期望躯干 rpy 姿态角变化量
14.  Vec 3<float> delta_p;                    // 期望躯干位移变化量
15.  Mat 3<float> Rr, Rp, Ry;                 // 绕 xyz 轴的旋转矩阵
16.  // 机器人运动学相关尺寸参数
17.  float _bodyLength = 0.205 * 2;           // 躯干长
18.  float _bodyWidth = 0.05 * 2;             // 躯干宽
19.  float _abadLinkLength = 0.0885;          // 侧摆连杆长度
20.  float _hipLinkLength = 0.206;            // 大腿连杆长度
21.  float _kneeLinkLength = 0.177;           // 小腿连杆长度
22.  // 键盘控制参数
23.  float p_des [3];                         // 期望躯干质心位置变化量
24.  float rpy_des [3];                       // 期望躯干质心姿态变化量
25.  // 计算结果
26.  Vec 3<float> qdDes;                      // 关节期望速度
27.  Vec 3<float> qDes [4];                   // 关节期望位置
28.  Vec 3<float> desired_leg_p [4];          // Hip 坐标下期望足端位置
29.
30.  //控制频率
31.  int TIME_STEP = 2;
32.
33.  //键盘按键识别作为控制量
34.  >void keyboard_cmd( ) …
35.
36.  // 主程序
37.  int main (int argc, char **argv) {
38.    // create the Robot instance.
39.    Robot *robot = new Robot ( );
40.    wb_keyboard_enable (TIME_STEP);
41.    WbDeviceTag imu = wb_robot_get_device ("inertial unit");  // 找到 IMU 设备
42.    wb_inertial_unit_enable(imu, TIME_STEP);  // 使能 IMU 设备
43.    TIME_STEP = (int)robot->getBasicTimeStep( );  //直接读取 Webots 中设置的 TIME_STEP 参数
44.    LegController<float>* _legController = new LegController<float>;  //新建一个腿部控制
器实例
45.
46.    // 参数初始化
47.    qdDes<<0.0, 0.0, 0.0;                                    // 期望关节速度保持为 0
48.
49.    base_2_hip[0]<<_bodyLength/2.0, -(_bodyWidth/2.0),0.0;  // 四条腿的 Hip 坐标系原点在躯
干坐标下的位置
50.    base_2_hip[1]<<_bodyLength/2.0, _bodyWidth/2.0, 0.0;
51.    base_2_hip[2]<<-_bodyLength/2.0, -(_bodyWidth/2.0), 0.0;
52.    base_2_hip[3]<<-_bodyLength/2.0, _bodyWidth/2.0, 0.0;
53.
54.    base_2_foot[0]<<_bodyLength/2.0, -(_bodyWidth/2.0+_abadLinkLength), -0.25;  // 四条
腿足端位置在躯干 base 坐标系下的位置
```

```
55.        base_2_foot[1]<<_bodyLength/2.0, _bodyWidth/2.0+_abadLinkLength, -0.25;
56.        base_2_foot[2]<<-_bodyLength/2.0, -(_bodyWidth/2.0+_abadLinkLength), -0.25;
57.        base_2_foot[3]<<-_bodyLength/2.0, _bodyWidth/2.0+_abadLinkLength, -0.25;
58.
59.        // Main loop;
60.   While (robot->step (TIME_STEP) != -1) {
61.        _legController->updateData( );  // 关节位置/速度更新
62.        const double *imu_val = wb_inertial_unit_get_roll_pitch_yaw(imu);
63.        keyboard_cmd( ); // 采集键盘指令
64.        rpy<< rpy_des[0], rpy_des [1], rpy_des [2];     //期望姿态指令传递
65.        delta_p << p_des [0], p_des [1], p_des [2];     // 期望位置指令传递
66.
67.        // 计算变换矩阵
68.        Rr << 1, 0, 0, 0, cos(rpy(0)), -sin(rpy(0)), 0, sin(rpy(0)), cos(rpy(0));  // x 轴
旋转矩阵
69.        Rp << cos(rpy(1)), 0, sin(rpy(1)), 0, 1, 0, -sin(rpy(1)), 0, cos(rpy(1));  // y 轴
旋转矩阵
70.        Ry << cos(rpy(2)), -sin(rpy(2)), 0, sin(rpy(2)), cos(rpy(2)), 0, 0, 0, 1;  // z 轴
旋转矩阵
71.        R_b = Rr * Rp * Ry;
72.                                         // 变换矩阵
73.        // 执行位姿变换
74.        for(int i=0; i<4; I++)
75.        {
76.            desired_leg_p[i] = R_b* (base_2_foot[i]+delta_p) - base_2_hip[i];  // 计算 Hip 坐
标下期望足端位置
77.            qDes[i] = _legController->InverseKimatics(desired_leg_p[i], i);  // 逆运动学计算
得到期望关节角
78.            _legController->jointPDControl(I,qDes[i], qdDes);          // 关节控制参数更新
79.            _legController->updateCommand( );               // 更新控制
80.        }
81.    };
82.    // Enter here exit cleanup code.
83.    delete robot;
84.    return 0;
85. }
```

B. 四足机器人单腿运动学和逆运动学公式

运动学公式:

$$x = -L_1 \sin\theta_1 - L_2 \sin(\theta_1 + \theta_2)$$

$$y = \sin\theta_0[L_1 \cos\theta_1 + L_2 \cos(\theta_1 + \theta_2)] - \delta L_0 \cos\theta_0 \quad \delta = \begin{cases} 1 & \text{右腿} \\ -1 & \text{左腿} \end{cases} \quad (4.7)$$

$$z = -\cos\theta_0[L_1 \cos\theta_1 + L_2 \cos(\theta_1 + \theta_2)] - \delta L_0 \sin\theta_0$$

逆运动学结果：

$$\theta_0 = \arcsin \frac{-2\delta L_0 z + \mathrm{sign}(y)\sqrt{(2L_0 z)^2 - 4(y^2 + z^2)(L_0^2 - y^2)}}{2(y^2 + z^2)}$$

$$L_{12} = \sqrt{x^2 + (\delta y + L_0 c_0)^2 + (z + \delta L_0 s_0)^2}$$

$$\varphi = \arccos \frac{L_1^2 + L_{12}^2 - L_2^2}{2L_1 L_{12}}$$

$$\theta_1 = \arctan[-x, (-z - \delta L_0 s_0)/\cos\theta_0] - \varphi$$

$$\theta_2 = \pi - \arccos \frac{L_1^2 + L_2^2 - L_{12}^2}{2L_1 L_2}$$

（4.8）

第 5 章

四足机器人步态运动规划

扫码获取配套资源

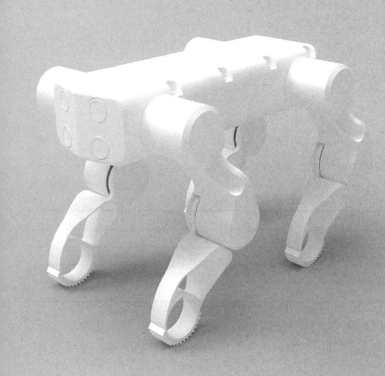

前面章节以平面单腿平台介绍了位置控制、虚拟模型控制、位置阻抗等单腿控制方法,以 3D 单腿介绍了基于 SLIP 模型的稳定跳跃控制方法,以及基于运动学的四足机器人全身位姿控制。本章开始过渡到四足机器人步态运动,介绍基本的腿足步态运动规划与控制方法。首先,介绍四足机器人常见的步态类型与定义;然后,通过三次曲线形式定义足端运动轨迹,协调各腿间相位关系,实现 Trot、Pace 等典型步态位置控制;最后,基于前面章节介绍的单腿运动控制方法,自行探索替换位置控制的有效方法,研究稳定性更好的步态轨迹跟踪方法。

5.1
四足机器人步态运动规划知识部分

5.1.1 运动学建模

图 5.1 为四足机器人的简化模型。以四足机器人的左前腿为例建立其运动学模型,并将四足机器人的坐标系原点设置在其质心处。建立的 D-H 参数如表 5.1 所示。

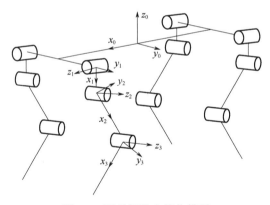

图 5.1 四足机器人简化模型

表 5.1 D-H 参数表

关节 k	a_{i-1}/m	α_{i-1}/rad	d_i/m	θ_i/rad
1	0	0	0	θ_1
2	L_1	$-\pi/2$	0	θ_2
3	L_2	0	0	θ_3
4	L_3	0	0	—

各参数含义可见第 2 章。四足机器人四条腿的 D-H 参数几乎一致,其正运动学与逆运动学方程也相同,因此只需单独计算四条腿髋关节与质心之间的转移矩阵,即可得到

四足机器人各腿部坐标系到质心坐标系的转移矩阵。四足机器人各髋关节坐标系到质心坐标系的转移矩阵如下：

$$
{}_{0}^{B}\boldsymbol{T} = \begin{pmatrix} 1 & 0 & 0 & \gamma X/2 \\ 0 & 1 & 0 & \eta Y/2 \\ 0 & 0 & 1 & 0 \\ 0 & 0 & 0 & 1 \end{pmatrix} \tag{5.1}
$$

其中，X 为前后髋关节的间距；Y 为左右髋关节间的距离；γ 为 1 代表左前腿和右前腿，γ 为-1 代表左后腿和右后腿；η 为 1 代表左前腿和左后腿，η 为-1 代表右前腿和右后腿。

根据建立的四足机器人 D-H 坐标系可得到各个关节的转移矩阵如下：

$$
{}_{1}^{0}\boldsymbol{T}_{k} = \begin{pmatrix} 0 & 0 & 1 & 0 \\ s_1 & c_1 & 0 & 0 \\ -c_1 & s_1 & 1 & 0 \\ 0 & 0 & 0 & 1 \end{pmatrix} \tag{5.2}
$$

$$
{}_{2}^{1}\boldsymbol{T}_{k} = \begin{pmatrix} c_2 & -s_2 & 0 & 0 \\ 0 & 0 & 1 & a_1 \\ -s_2 & c_2 & 0 & 0 \\ 0 & 0 & 0 & 1 \end{pmatrix} \tag{5.3}
$$

$$
{}_{3}^{2}\boldsymbol{T}_{k} = \begin{pmatrix} c_3 & -s_3 & 0 & a_2 \\ s_3 & c_3 & 0 & 0 \\ 0 & 0 & 1 & 0 \\ 0 & 0 & 0 & 1 \end{pmatrix} \tag{5.4}
$$

$$
{}_{3}^{0}\boldsymbol{T}_{k} = \begin{pmatrix} -s_{23} & c_{23} & 0 & -a_2 s_2 \\ s_1 c_{23} & -s_1 s_{23} & c_1 & a_1 s_1 + a_2 s_1 c_2 \\ -c_1 c_{23} & c_1 s_{23} & s_1 & a_1 c_1 - a_2 c_1 c_2 \\ 0 & 0 & 0 & 1 \end{pmatrix} \tag{5.5}
$$

$$
{}_{4}^{0}\boldsymbol{T}_{k} = \begin{pmatrix} -s_{23} & c_{23} & 0 & -a_2 s_2 - a_3 s_{23} \\ s_1 c_{23} & -s_1 s_{23} & c_1 & a_1 s_1 + a_2 s_1 c_2 + a_3 s_1 c_{23} \\ -c_1 c_{23} & c_1 s_{23} & s_1 & a_1 c_1 - a_2 c_1 c_2 - a_3 c_1 c_{23} \\ 0 & 0 & 0 & 1 \end{pmatrix} \tag{5.6}
$$

其中，c_1 表示 $\cos\theta_1$；c_{23} 表示 $\cos(\theta_2+\theta_3)$；k 表示各腿编号，k 为 1 表示右前腿，k 为 2 表示左前腿，k 为 3 表示右后腿，k 为 4 表示左后腿。

根据式（5.6）的第四列可求得机器人的逆运动学方程如下所示。其中，L_{23} 为足端与坐标系 2 之间的距离；P_x、P_y、P_z 分别代表足端相对于髋关节的三维坐标。

$$
\theta_1 = -\arctan\frac{P_y}{P_z} \tag{5.7}
$$

$$\theta_2 = \arccos\frac{{L_2}^2 - {L_3}^2 + {L_{23}}^2}{2L_{23}L_2} - \arctan\frac{P_x}{-L_1 - P_z / \cos\theta_1} \qquad (5.8)$$

$$\theta_3 = \arccos\frac{{L_2}^2 + {L_3}^2 - {L_{23}}^2}{2L_3L_2} - \pi \qquad (5.9)$$

为了进行关节空间和足端运动空间变量映射，根据式(5.6)求得单腿的雅可比矩阵以及力 $\boldsymbol{F}$ 与力矩 $\boldsymbol{\tau}$ 之间的关系，如下：

$$\boldsymbol{J}_k = \begin{pmatrix} 0 & -a_2c_2 - a_3c_{23} & -a_3c_{23} \\ -a_1c_1 + a_2c_{12}c_2 + a_3c_1c_{23} & -a_2s_1s_2 - a_3s_1s_{23} & -a_3s_1s_{23} \\ a_1s_1 + a_2s_1c_2 + a_3s_1c_{23} & a_2c_1s_2 + a_3c_1s_{23} & a_3c_1s_{23} \end{pmatrix} \qquad (5.10)$$

$$\boldsymbol{\tau} = \boldsymbol{J}^{\mathrm{T}}\boldsymbol{F} \qquad (5.11)$$

5.1.2　四足典型步态

四足机器人常用的步态有步行（Walk）、对角小跑（Trot）、溜蹄（Pace）、跳跃（Bound）、四足跳跃（Pronk）和飞奔（Gallop）等。其中步行步态每个时刻至少有三条腿支撑，能够保持静态平衡，所以属于静步态；其他几种步态需要机器人动态保持平衡，属于动态步态（动步态）。在动步态中，跳跃、飞奔等一般是高速运动时才使用的，属于高动态步态。下面是以上这些步态的介绍。

5.1.2.1　步行步态（Walk）

四足机器人在步行步态中，每个时刻至少会有三条腿处于支撑相，四条腿按照左前、右后、左后、右前的顺序（可以设计为其他顺序）依次进入摆动相，如此往复。其在控制过程中，每次只有一条腿抬起，在下一条腿抬起之时摆动腿转换为支撑腿。步行步态相较于其他步态速度较低，稳定性较高。步行步态的相位如图 5.2 所示，图中黑色部分表示支撑相持续时间，白色部分为摆动相。

图 5.2　步行步态（Walk）相位图

5.1.2.2　对角小跑步态（Trot）

对角小跑步态（图 5.3）是一种处于对角线上的两只脚同相位运动的步态。将对角线上的两条腿看作一组，分别执行支撑相和摆动相。生物学家通过对马、狗等四足哺乳动物运动步态和耗氧量等统计研究，发现对角小跑步态是四足哺乳动物在中低速运动时能耗最小的步态，且相较于其他步态躯干姿态角不会出现特别剧烈的变化，因此在仿生四足机器人研究中，对角小跑步态是最常用于四足机器人的步态。严格的对角小跑步态的占空比（支撑相时间占步态周期）为 0.5，左前、右前、右后、左后的相位差分别为 0.5、0、0.5、0，如图 5.3 所示。当然也存在占空比大于或者小于 0.5 的对角步态，其中占空比小于 0.5 的步态具备四足腾空状态，有利于实现更高的运动速度，一般称之为 Flying Trot。

图 5.3　对角小跑步态（Trot）相位图

5.1.2.3　溜蹄步态（Pace）

溜蹄步态（图 5.4）将左右两侧四条腿看为两组，同侧腿作为一组，相位差为 0，异侧腿之间相位差为 0.5。溜蹄步态相较于对角小跑步态，运动过程中有明显的左右晃动，起伏较大，稳定性低。自然界中一般仅会在马术比赛等少数场合见到溜蹄步态，在四足机器人中并不常用。

图 5.4　溜蹄步态（Pace）相位图

5.1.2.4　跳跃步态（Bound）

跳跃步态（图 5.5）将前侧两条腿和后侧两条腿分别看为两组，每一组的两条腿运动规律基本相同。跳跃步态存在四足腾空的现象，属于四足机器人的高动态步态。自然界中如猎豹追逐猎物等场景其步态类似 Bound（跳跃步态），这种步态一般伴随躯干较大起伏，在四足机器人上能做到高速 Bound 奔跑的并不多，除了控制算法因素外，躯干缺少柔性关节也是重要因素。

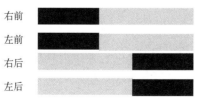

图 5.5　跳跃步态（Bound）相位图

5.1.2.5 四足跳跃步态（Pronk）

四足跳跃步态（图 5.6）将四条腿看为一组，四条腿的运动规律一致，同时处于支撑相也同时处于摆动相，也属于四足机器人的高动态步态。自然界中四足动物采用这种步态的并不多，东北地区的狍子在奔跑起来时常呈现这种步态。

图 5.6　四足跳跃步态（Pronk）相位图

5.1.2.6 飞奔步态（Gallop）

飞奔步态是四足动物运动速度最高的步态，至多只有两只腿同时作为支撑腿，存在单腿支撑和四腿同时处于摆动相的现象，其相位一般随运动速度、地形等调整，图 5.7 可视为飞奔步态的一种相位图。

图 5.7　飞奔步态（Gallop）相位图

5.1.3 步态运动规划

近年来，科研人员已经提出并验证了多种运动规划和控制方法，实现四足机器人的上述多种步态运动，在这些方法中最简单、最符合直觉的就是基于足端位置规划的方法。本节首先说明足端轨迹的一般规律，然后给出两种轨迹设计方法；基于设计的足端轨迹，借助之前学习的逆运动学方法求解关节位置，进而通过位置控制、关节 PD 控制、虚拟模型控制等关节控制方法实现步态运动。

5.1.3.1 步态轨迹规律

人、腿足动物等进行步态运动是进化数千年的结果，借鉴动物的运动轨迹进行仿生步态运动轨迹设计是有效的途径。如图 5.8 所示，人在进行行走时足端轨迹可近似看成一个圆弧形，加上支撑相阶段轨迹，近似为一个馒头形状，即如图 5.9 所示的 x 和 z 方向标准化为 1 的轨迹。

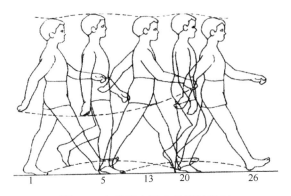

图 5.8　人体步态运动足端轨迹图

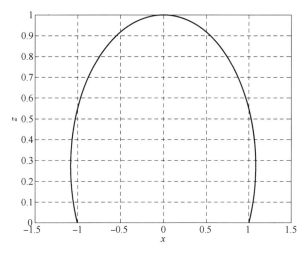

图 5.9　足端近似轨迹图

　　分析图 5.9 所示的轨迹，设定在空中的摆动轨迹和在地面的支撑轨迹占空比均分。首先，构建 x 方向的 $f(t)$ 函数拟合这种轨迹，以 x_{t0}=-1 点进行分析，x 方向位置先减小一点点，然后一直增加到 1（图中会先大于 1 然后收敛到 1），随后进入支撑相后 x 方向一直减小到初始点-1。由此分析过程构建的曲线如图 5.10 所示，图中标注出了四个关键点信息，关键点之间的连接方式可以有多种曲线方式，一般期望曲线是连续的，同时曲线的导数，即速度也是连续的，所以之前的曲线一般用 3 次以上的曲线函数构建，但支撑相阶段一般希望运动的速度是均匀的，即支撑相关键点之间一般用直线构建。

　　再根据图 5.9 分析 z 方向运动轨迹，和 x 方向分析一致，仍然从初始 x_{t0}=-1，z_{t0}=0 开始，z 方向按照类似抛物线形式向上运动，处于支撑相后 z 方向保持不变。z 方向运动轨迹分解为如图 5.11 所示。

　　需要注意的是，上述的分析是将完整的足端轨迹近似为馒头形状的曲线进行的提取和分解。这是一种由腿足动物实际足端轨迹而来的仿生轨迹，如果不从仿生的角度来说，设计成正方形类似的轨迹也是没问题的，但可以想象到的是这种有直角特性的轨迹，其速度是不连续的，应用在机器人上其稳定性或者对执行器来说都是不好的。

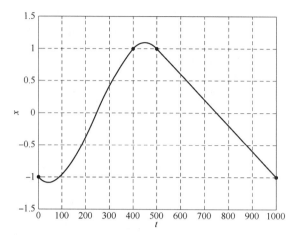

图 5.10　足端轨迹 x 方向分解图

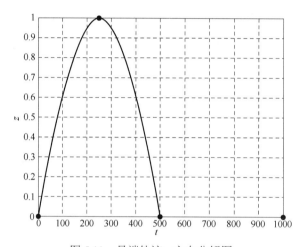

图 5.11　足端轨迹 z 方向分解图

5.1.3.2　足端轨迹方程

在位置控制中，为了尽可能地减小足端冲击力，设计出的足端运行轨迹应该满足速度和加速度在触地、离地瞬间以及在到达轨迹顶点时为零。基于此条件，本小节介绍复合摆线和三次曲线作为四足机器人的足端轨迹。

根据上一小节的轨迹分析，将完整的步态周期分成支撑相和摆动相，且两个相位的占空比均分，则将 x 方向轨迹的前半段拟合为 3 次曲线，即 $f(t)=at^3+bt^2+ct+d$，施加初始位置、速度约束，则其中的系数可推算出来；后半段直接设计为随时间变化的直线形式。按照这种思路设计的 3 次曲线足端轨迹方程如下：

$$X = \begin{cases} X_{\text{init}} + \dfrac{L_{\text{s}}}{2}(\dfrac{-64}{T_{\text{s}}^3}t^3 + \dfrac{48}{T_{\text{s}}^2}t^2 + \dfrac{-4}{T_{\text{s}}}t - 1) & t \in (0, \dfrac{T_{\text{s}}}{2}) \\ X_{\text{init}} + \dfrac{L_{\text{s}}}{2}(\dfrac{-4}{T_{\text{s}}}t + 3) & t \in (\dfrac{T_{\text{s}}}{2}, T_{\text{s}}) \end{cases} \qquad （5.12）$$

$$Y = \begin{cases} Y_{\text{init}} + \dfrac{W_s}{2}(\dfrac{-64}{T_s^3}t^3 + \dfrac{48}{T_s^2}t^2 + \dfrac{-4}{T_s}t - 1) & t \in (0, \dfrac{T_s}{2}) \\[3mm] Y_{\text{init}} + \dfrac{W_s}{2}(\dfrac{-4}{T_s}t + 3) & t \in (\dfrac{T_s}{2}, T_s) \end{cases} \quad (5.13)$$

$$Z = \begin{cases} Z_{\text{init}} + H_s(\dfrac{0}{T_s^3}t^3 + \dfrac{-16}{T_s^2}t^2 + \dfrac{8}{T_s}t) & t \in (0, \dfrac{T_s}{2}) \\[3mm] Z_{\text{init}} & t \in (\dfrac{T_s}{2}, T_s) \end{cases} \quad (5.14)$$

其中，X_{init}、Y_{init}、Z_{init} 分别表示 x、y、z 方向初始位置；L_s、W_s 分别是 x 和 y 方向的步幅；H_s 表示步态高度，即抬腿高度；T_s 为控制周期。这里 z 方向的轨迹同样设计为三次函数形式，另一个常用的形式是设计为正弦曲线形式，可以自己探索。

这里提供另一种复合摆线式足端轨迹方程，其思想就是以正弦函数形式设计所有方向的轨迹：

$$X = \begin{cases} X_{\text{init}} + 2L_s(\dfrac{t}{T_s} - \dfrac{1}{2\pi}\sin\dfrac{2\pi t}{T_s} - \dfrac{1}{4}) & t \in (0, \dfrac{T_s}{2}) \\[3mm] X_{\text{init}} + 2L_s(-\dfrac{t}{T_s} + \dfrac{1}{2\pi}\sin\dfrac{2\pi t}{T_s} + \dfrac{3}{4}) & t \in (\dfrac{T_s}{2}, T_s) \end{cases} \quad (5.15)$$

$$Y = \begin{cases} Y_{\text{init}} + 2W_s(\dfrac{t}{T_s} - \dfrac{1}{2\pi}\sin\dfrac{2\pi t}{T_s} - \dfrac{1}{4}) & t \in (0, \dfrac{T_s}{2}) \\[3mm] Y_{\text{init}} + 2W_s(-\dfrac{t}{T_s} + \dfrac{1}{2\pi}\sin\dfrac{2\pi t}{T_s} + \dfrac{3}{4}) & t \in (\dfrac{T_s}{2}, T_s) \end{cases} \quad (5.16)$$

$$Z = \begin{cases} Z_{\text{init}} + H_s(\dfrac{1}{2} - \dfrac{1}{2}\cos\dfrac{2\pi t}{T_s}) & t \in (0, \dfrac{T_s}{2}) \\[3mm] Z_{\text{init}} & t \in (\dfrac{T_s}{2}, T_s) \end{cases} \quad (5.17)$$

其中，L_s、W_s 和 H_s 分别表示 x 方向步长（步幅）、y 方向步长和 z 方向抬腿高度；X_{init}、Y_{init}、Z_{init} 分别表示 x、y、z 方向的初始位置；T_s 表示控制周期；t 表示一个周期内的时间。以上是 0 到半个周期时间内腿部处于摆动相的轨迹方程。

5.1.4　足端位置控制

在期望位置已知的情况下设计位置控制器，首先需要根据逆运动学计算期望关节角，再通过 PID 算法调整关节角度，即可实现较好的足端轨迹跟踪。图 5.12 为位置控制的基本框图。

前面章节介绍了位置控制、PD 控制、位置阻抗控制和虚拟模型控制，其实都可以应用在这里，且不同的控制方法对应的效果也有很大不同。图 5.12 作为启发式框架引导读者理解如何将规划的轨迹通过控制实现，其中的关节控制器可以自行修改优化，甚至整套控制框架可换成虚拟模型的力控。

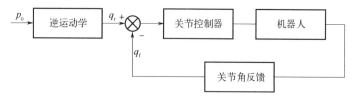

图 5.12　位置控制方法

p_0—腿部足端位置；q_r—期望的关节角；q_f—实际关节角

　　为了将上述规划步态应用在四足机器人上，以下是基于位置控制实现 Trot 步态的方法。首先，根据步态的相位图确定四足机器人前半个周期内的摆动腿，将其编号为腿 1 和腿 2，将另外两条腿编号为腿 3 和腿 4。其次，基于位置控制算法实现腿 1 和腿 2 足端跟踪前一小节中的足端轨迹方程，并实现腿 3 和腿 4 跟踪延迟半个周期的足端轨迹方程。最后，实现周期性的轨迹跟踪即可实现 Trot 步态。

5.2

四足机器人步态运动规划仿真实验部分

5.2.1　仿真模型构建

　　Webots 中建立的四足机器人模型如图 5.13 所示，该模型与第 4 章使用的机器人模型一样，所以不进行过多建模内容的介绍。需要注意的是：在虚拟机环境中仿真受到

图 5.13　Webots 仿真中机器人模型

显卡等资源影响导致画面卡断严重时，可切换为简化模型的四足机器人；同时本章介绍的控制方法并不需要过高的控制频率，提高仿真的间隔也可以有效提升仿真速度，比如频率设置 TIME_STEP 为 5，即对应于真实四足机器人中控制频率为 200Hz 的实际情况，在一般性能的电脑虚拟机中就可实现连续运动仿真。

5.2.2　代码分析

根据本章介绍的步态轨迹规划方法，设计 Trot、Pace、Bound 等步态运动遵循相同的控制器构建思路，仅需要调整每条腿之间的相位，这里以 Trot 步态运动控制器为例，其他步态自行探索。

之前章节已经对 Webots 控制器设计有了较为细致的框架介绍，下面简要介绍一下程序框架，然后列举几个重要的和本章步态轨迹相关的函数进行介绍。

图 5.14 为程序框架图，首先包含相关的 Webots 头文件和自定义的函数头文件，然后进行变量声明，图 5.15 即为主函数。

```
#include <webots/robot.h>
#include <webots/accelerometer.h>
#include <webots/touch_sensor.h>
#include <webots/motor.h>
#include <stdio.h>
#include "Include_Set.h"
#include "Angle_Set.h"
#include "Trot.h"
// #include "Force.h"
/*
 * You may want to add defines macro here.
 */

#define TIME_STEP 10


static WbDeviceTag RF_Servo[3], LF_Servo[3], RH_Servo[3], LH_Servo[3];
double RF_Servo_Angle[3], LF_Servo_Angle[3], RH_Servo_Angle[3], LH_Servo_Angle[3];

static WbDeviceTag accelerometer;
static WbDeviceTag RF_TouchSensor,LF_TouchSensor,RH_TouchSensor,LH_TouchSensor;

float Step_Stride, Step_Height, Step_Period, Step_Spot;
double  RF_Position[3],LF_Position[3],RH_Position[3],LH_Position[3];
double  RF_Foot_Hip_Force[3],LF_Foot_Hip_Force[3],RH_Foot_Hip_Force[3],LH_Foot_Hip_Force[3];
```

图 5.14　控制器程序框架图

主函数开始即进行初始化操作，包括识别所有关节电机设备，以及加速度、足底力等传感器，这些传感器在本章内容中不作控制相关用途，仅作数据观测用。然后进行主函数中的周期循环更新内容，如图 5.16 所示。

周期循环函数中主要首先指定了步态运动的参数，这里给定了步长、步高、步频（步态周期）参数。随后进行步态轨迹计算，四条腿分别对应一个轨迹规划函数 Trot_*_Position，其中 RF 表示右前，LF 表示左前，RH 表示右后，LH 表示左后腿。Angle_Set 函数实现逆运动学解算，得到期望关节位置，然后进行位置伺服。下面对其中重要的两个函数分别介绍，以右前腿为例，轨迹规划函数为：

```
int main(int argc, char **argv)
{
  wb_robot_init();

  RF_Servo[0]=wb_robot_get_device("rotational motor rf0");
  RF_Servo[1]=wb_robot_get_device("rotational motor rf1");
  RF_Servo[2]=wb_robot_get_device("rotational motor rf2");

  LF_Servo[0]=wb_robot_get_device("rotational motor lf0");
  LF_Servo[1]=wb_robot_get_device("rotational motor lf1");
  LF_Servo[2]=wb_robot_get_device("rotational motor lf2");

  RH_Servo[0]=wb_robot_get_device("rotational motor rh0");
  RH_Servo[1]=wb_robot_get_device("rotational motor rh1");
  RH_Servo[2]=wb_robot_get_device("rotational motor rh2");

  LH_Servo[0]=wb_robot_get_device("rotational motor lh0");
  LH_Servo[1]=wb_robot_get_device("rotational motor lh1");
  LH_Servo[2]=wb_robot_get_device("rotational motor lh2");


  accelerometer=wb_robot_get_device("accelerometer");
  wb_accelerometer_enable (accelerometer, TIME_STEP);

  RF_TouchSensor=wb_robot_get_device("touch sensor rf");
  wb_touch_sensor_enable(RF_TouchSensor, TIME_STEP);
  LF_TouchSensor=wb_robot_get_device("touch sensor lf");
  wb_touch_sensor_enable(LF_TouchSensor, TIME_STEP);
  RH_TouchSensor=wb_robot_get_device("touch sensor rh");
  wb_touch_sensor_enable(RH_TouchSensor, TIME_STEP);
  LH_TouchSensor=wb_robot_get_device("touch sensor lh");
  wb_touch_sensor_enable(LH_TouchSensor, TIME_STEP);
```

图 5.15　主函数图

```
/* main loop */
do {
  Step_Stride=50;          // 步长 mm
  Step_Height=30;          // 步高 mm
  Step_Period=0.5;         // 步态周期 s
  Step_Spot+=TIME_STEP/1000.0;
  if(Step_Spot>=Step_Period)
  {
    Step_Spot=0;
  }

  Trot_RF_Position(Step_Stride,Step_Height,Step_Period,Step_Spot,RF_Position);
  Trot_LF_Position(Step_Stride,Step_Height,Step_Period,Step_Spot,LF_Position);
  Trot_RH_Position(Step_Stride,Step_Height,Step_Period,Step_Spot,RH_Position);
  Trot_LH_Position(Step_Stride,Step_Height,Step_Period,Step_Spot,LH_Position);

  Angle_Set(0,RF_Position[0],RF_Position[1],RF_Position[2],RF_Servo_Angle);
  Angle_Set(1,LF_Position[0],LF_Position[1],LF_Position[2],LF_Servo_Angle);
  Angle_Set(2,RH_Position[0],RH_Position[1],RH_Position[2],RH_Servo_Angle);
  Angle_Set(3,LH_Position[0],LH_Position[1],LH_Position[2],LH_Servo_Angle);

  for(int i=0;i<3;i++)
  {
    wb_motor_set_position(RF_Servo[i],RF_Servo_Angle[i]);
    wb_motor_set_position(LF_Servo[i],LF_Servo_Angle[i]);
    wb_motor_set_position(RH_Servo[i],RH_Servo_Angle[i]);
    wb_motor_set_position(LH_Servo[i],LH_Servo_Angle[i]);
  }
```

图 5.16　周期循环函数图

```
1.   void Trot_RF_Position(float Stride, float Height, float Period, float t, double *Position)
2.   {
3.       if(t<=Period/2)
4.       {
5.         Position[0]=(-4.0/Period*(t+Period/2)+3)*Stride/2+Ini_RFx;
6.         Position[1]=Ini_RFy;
7.         Position[2]=0+Ini_RFz;
8.       }
9.       else
10.      {
11.        float t1 = (t-Period/2)/Period;
12.        float t2 = pow(t-Period/2.0,2)/pow(Period,2);
13.        float t3 = pow(t-Period/2.0,3)/pow(Period,3);
14.        Position[0]=(-64.0*t3+48.0*t2-4.0*t1-1)*Stride/2+Ini_RFx;
15.        Position[1]=Ini_RFy;
16.        Position[2]=sin(t*2.0/Period*pi+pi)* Height+Ini_RFz;
17.      }
18.  }
```

函数的输入参数包括 Stride（步长）、Height（步高）、Period（周期）、t（当前时间），函数计算得到的足端位置结果保存在 Position 上。进入函数后，根据当前时间 t 判断这条腿处于周期的前半周期还是后半周期，分别对应摆动相和支撑相，第 4~8 行为摆动相，第 10~17 行为支撑相，对应式（5.12）~式（5.14），是三次曲线构建的步态运动轨迹。与之对应的左前腿代码如下所示：

```
1.   void Trot_LF_Position(float Stride, float Height, float Period, float t, double *Position)
2.   {
3.       if(t<=Period/2)
4.       {
5.         float t1 = t/Period;
6.         float t2 = t*t/Period/Period;
7.         float t3 = t*t*t/Period/Period/Period;
8.         Position[0]=(-64.0*t3+48.0*t2-4.0*t1-1)*Stride/2+Ini_LFx;
9.         Position[1]=Ini_LFy;
10.        Position[2]=sin(t*2.0/Period*pi)* Height+Ini_LFz;
11.      }
12.      else
13.      {
14.        Position[0]=(-4.0/Period*t+3)*Stride/2+Ini_LFx;
15.        Position[1]=Ini_LFy;
16.        Position[2]=0+Ini_LFz;
17.      }
18.  }
```

左前腿的函数与右前腿函数基本一致，主要区别在于支撑相和摆动相时间相差了半个周期，与之对应的相位起始时间的计算也相差了半个周期，除此外其他均遵循相同原理。

再介绍逆运动学解算函数，代码如下：

```
1.   void Angle_Set(unsigned char Leg_id,double x,double y,double z,double *theta)
2.   {
3.       ……
4.    ……
5.    theta[0]=-atan(y0/x0);
6.    x1=x0*cos(-theta[0])+y0*sin(-theta[0])-L2;
7.    z1=z0;
8.    fai=atan2(-z1,x1);
9.
10.   if((x1*x1+z1*z1)>=((L1+L2)*(L1+L2)))
11.   {
12.    theta[1]=fai;
13.    theta[2]=0;
14.   }
15.   else
16.   {
17.    theta[2]=pi-acos((L1*L1+L2*L2-x1*x1-z1*z1)/2/L1/L2);
18.    theta[1]=fai-acos((L1*L1+x1*x1+z1*z1-L2*L2)/2/L1/sqrt(x1*x1+z1*z1));
19.   }
20.   ……
21.   ……
22.   }
```

函数内实现的功能对应式（5.7）～式（5.9），具体数学内容见前面知识部分。

5.2.3 仿真验证

编译好代码后进行 Webots 仿真，仿真环境有完整机器人模型和简化机器人模型，如图 5.17 所示。根据电脑配置情况选择其中一个合适的模型，控制器选择 trot_controller，

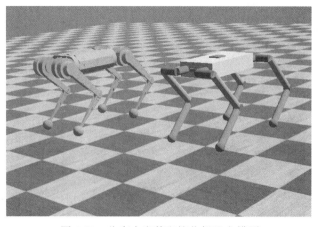

图 5.17 仿真中完整和简化机器人模型

另一个机器人控制器选择为 none 即可。运行仿真后，可以看到四足机器人以 Trot 步态进行行走。

本仿真中默认机器人的步态高度是 30mm，步态周期为 0.5s，步长为 50mm,尝试通过调整这些步态参数，观察四足机器人的运动状态。

思考与作业

（1）作业

将仿真中的 Trot 步态修改为 Pace、Bound 等步态，并通过躯干姿态稳定性、运动速度、足底力等进行步态特点分析。

（2）思考与探索

① 本章机器人步态运动中仅有前后运动，自行探索如何实现机器人的自转运动。

② 本章中机器人关节使用的是位置控制，自行探索切换为关节 PD 控制、腿部虚拟模型控制等方法的优劣。

参考文献

[1]　孟健. 复杂地形环境四足机器人运动控制方法研究与实现[D]. 济南: 山东大学, 2015.

[2]　Gehring C. Planning and control for agile quadruped robots[D]. Zurich: ETH Zurich, 2017.

第 6 章

基于SLIP模型的四足机器人运动控制

扫码获取配套资源

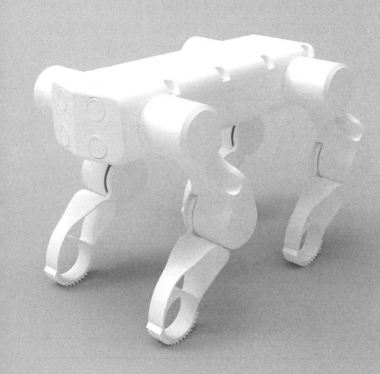

第 5 章介绍了基于足端位置轨迹规划的控制方法，这种控制方法简单但机器人运动鲁棒性不足，且无法对外力扰动做出调整，从而无法实现类似 BigDog"踹不倒"的效果。本章内容以笔者 2016 年前后针对山东大学机器人研究中心研制的 SCalf-Ⅱ四足机器人控制技术为引导，开始介绍基于简化动力学模型的四足机器人控制方法，赋予四足机器人一定的柔顺特性、外力扰动适应特性，实现具有一定扰动适应能力、实用的稳定对角步态控制。

6.1
基于 SLIP 模型的四足机器人运动控制知识部分

6.1.1　姿态稳定性分析

由于 Trot 步态是一种动步态，在支撑相，处于对角线上的两只腿同时支撑躯干运动，在 Trot 步态中机器人躯干很容易绕其对角线旋转，因此必须对躯干姿态进行控制。

为简化四足运动的控制算法，我们引入虚拟腿的概念。由于 Trot 步态以对角线上的两条腿为一组，每组腿的运动形式相同，其髋关节作用于躯干的力也类似，因此对角线上两条腿的运动可以等效为一条虚拟腿的运动。

图 6.1 给出了 Trot 步态向其等效的虚拟模型转化的过程，采用 Trot 步态运行的四足运动被简化为虚拟的双足运动，进一步简化为单腿运动。之后我们将单腿模型投影到一个平面上，如图 6.2 所示，图中展示了简化的机器人平面模型和建立的坐标系，图中及后续计算涉及的变量参数定义如表 6.1 所示。

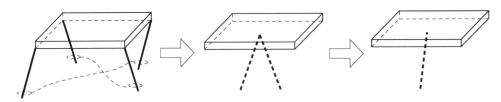

图 6.1　四足机器人对角步态向虚拟腿模型的映射

表 6.1　变量及其说明

变量	说明
O_g	地面坐标系
O_b	躯干质心坐标系
g	重力加速度
M	躯干质量
I	躯干转动惯量

变量	说明
θ	腿部相对于垂直方向的夹角
ϕ	躯干姿态角
ϕ_{d}	躯干姿态角期望值
h	躯干质心与髋关节的距离
r	腿长
τ	髋关节产生的扭矩
$F_{\mathrm{t}}, F_{\mathrm{n}}$	腿对躯干在髋关节上产生的作用力，F_{t} 沿着腿的方向，F_{n} 垂直于腿的方向
$({}^{\mathrm{g}}x_{\mathrm{h}}, {}^{\mathrm{g}}z_{\mathrm{h}})$	在 O_{g} 坐标系下髋（虚拟肩）关节的坐标
$({}^{\mathrm{g}}x_{\mathrm{m}}, {}^{\mathrm{g}}z_{\mathrm{m}})$	在 O_{g} 坐标系下躯干质心的坐标
$({}^{\mathrm{b}}x_{\mathrm{s}}, {}^{\mathrm{b}}z_{\mathrm{s}})$	在 O_{b} 坐标系下支撑足的坐标

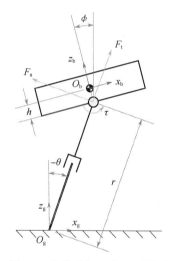

图 6.2　简化的机器人平面模型

对于位置控制机器人，无法直接控制其关节扭矩，但可以通过伺服足端速度来产生等效的扭矩。假定足与地面之间没有相对滑动，腿部质量为零，所有的质量均集中于躯干上，推导建立系统的动力学模型。首先根据图 6.2 所示坐标系可知在地面坐标系下机器人虚拟肩关节（Hip）坐标位置：

$$\begin{bmatrix} {}^{\mathrm{g}}x_{\mathrm{h}} \\ {}^{\mathrm{g}}z_{\mathrm{h}} \end{bmatrix} = \begin{bmatrix} -r\sin\theta \\ r\cos\theta \end{bmatrix} \tag{6.1}$$

进而融合姿态角获得躯干质心位置如下：

$$\begin{bmatrix} {}^{\mathrm{g}}x_{\mathrm{m}} \\ {}^{\mathrm{g}}z_{\mathrm{m}} \end{bmatrix} = \begin{bmatrix} {}^{\mathrm{g}}x_{\mathrm{h}} \\ {}^{\mathrm{g}}z_{\mathrm{h}} \end{bmatrix} + \begin{bmatrix} -h\sin\phi \\ h\cos\phi \end{bmatrix} \tag{6.2}$$

对上述两公式进行二次求导，可以得到虚拟肩关节和躯干质心处加速度：

$$^{\mathrm{g}}\ddot{x}_{\mathrm{h}} = -\ddot{r}\sin\theta - r\ddot{\theta}\cos\theta + r\dot{\theta}^2\sin\theta - 2\dot{r}\dot{\theta}\cos\theta \tag{6.3}$$

$$^{\mathrm{g}}\ddot{z}_{\mathrm{h}} = \ddot{r}\cos\theta - r\ddot{\theta}\sin\theta - r\dot{\theta}^2\cos\theta - 2\dot{r}\dot{\theta}\sin\theta \tag{6.4}$$

$$^{\mathrm{g}}\ddot{x}_{\mathrm{m}} = {}^{\mathrm{g}}\ddot{x}_{\mathrm{h}} + h(\dot{\phi}^2\sin\phi - \ddot{\phi}\cos\phi) \tag{6.5}$$

$$^{\mathrm{g}}\ddot{z}_{\mathrm{m}} = {}^{\mathrm{g}}\ddot{z}_{\mathrm{h}} - h(\dot{\phi}^2\cos\phi - \ddot{\phi}\sin\phi) \tag{6.6}$$

进而在躯干质心处进行力和扭矩平衡分析可得:

$$^{\mathrm{g}}\ddot{x}_{\mathrm{m}}M = -F_{\mathrm{t}}\sin\theta - F_{\mathrm{n}}\cos\theta \tag{6.7}$$

$$^{\mathrm{g}}\ddot{z}_{\mathrm{m}}M = F_{\mathrm{t}}\cos\theta - F_{\mathrm{n}}\sin\theta - Mg \tag{6.8}$$

$$I\ddot{\theta} = \tau + F_{\mathrm{t}}h\sin(\phi-\theta) - F_{\mathrm{n}}h\cos(\phi-\theta) \tag{6.9}$$

$$\tau = -F_{\mathrm{n}}r \tag{6.10}$$

其中,F_{t} 和 F_{n} 是腿部作用力传递到虚拟肩处的力分别沿着虚拟腿和垂直虚拟腿方向的分解。

假定控制器能够成功地将机器人躯干控制在水平状态,即 ϕ 趋近于 0,进行如下简化:$\sin\phi{\approx}0$,$\cos\phi{\approx}1$,$\sin(\phi-\theta){\approx}\sin(-\theta)$,$\cos(\phi-\theta){\approx}\cos(-\theta)$,则式(6.5)、式(6.6)和式(6.9)就会变为:

$$^{\mathrm{g}}\ddot{x}_{\mathrm{m}} = {}^{\mathrm{g}}\ddot{x}_{\mathrm{h}} - \ddot{\phi}h \tag{6.11}$$

$$^{\mathrm{g}}\ddot{z}_{\mathrm{m}} = {}^{\mathrm{g}}\ddot{z}_{\mathrm{h}} - \dot{\phi}^2 h \tag{6.12}$$

$$I\ddot{\theta} = \tau - F_{\mathrm{t}}h\sin\theta - F_{\mathrm{n}}h\cos\theta \tag{6.13}$$

联立式(6.3)、式(6.4)、式(6.7)、式(6.8)、式(6.10)~式(6.13),并消去 $^{\mathrm{g}}\ddot{x}_{\mathrm{m}}$、$^{\mathrm{g}}\ddot{z}_{\mathrm{m}}$、$F_{\mathrm{t}}$、$F_{\mathrm{n}}$ 和 τ,可以得到:

$$\ddot{\phi} = \frac{{}^{\mathrm{g}}\ddot{x}_{\mathrm{h}}M(h+{}^{\mathrm{g}}z_{\mathrm{h}}) + {}^{\mathrm{g}}x_{\mathrm{h}}M(g - h\dot{\phi}^2 + {}^{\mathrm{g}}\ddot{z}_{\mathrm{h}})}{I + Mh^2 + {}^{\mathrm{g}}z_{\mathrm{h}}Mh} \tag{6.14}$$

为避免躯干颠簸,足端的 z 坐标一般情况下保持不变,因此 $^{\mathrm{g}}\ddot{z}_{\mathrm{h}}$ 的值等于 0,式(6.14)可以简化为:

$$\ddot{\phi} = \frac{{}^{\mathrm{g}}\ddot{x}_{\mathrm{h}}M(h+{}^{\mathrm{g}}z_{\mathrm{h}}) + {}^{\mathrm{g}}x_{\mathrm{h}}M(g - h\dot{\phi}^2)}{I + Mh^2 + {}^{\mathrm{g}}z_{\mathrm{h}}Mh} \tag{6.15}$$

式(6.15)是一个非线性微分方程,很难求解出其解析解,但可以对其进行定性的分析。将式(6.15)相对于时间求积分,得到:

$$\dot{\phi} = \frac{({}^{\mathrm{g}}\dot{x}_{\mathrm{h}} - {}^{\mathrm{g}}\dot{x}_{\mathrm{h0}})M(h+{}^{\mathrm{g}}z_{\mathrm{h}}) + \int {}^{\mathrm{g}}x_{\mathrm{h}}M(g - h\dot{\phi}^2)\mathrm{d}t}{I + Mh^2 + {}^{\mathrm{g}}z_{\mathrm{h}}Mh} + \dot{\phi}_0 = A\,{}^{\mathrm{g}}\dot{x}_{\mathrm{h}} + B \tag{6.16}$$

其中,下标 0 代表着初始值,此外:

$$A = \frac{M(h + {}^{g}z_{h})}{I + Mh^2 + {}^{g}z_{h}Mh} \tag{6.17}$$

$$B = \frac{\int {}^{g}x_{h}M(g - h\dot{\phi}^2)\,\mathrm{d}t - {}^{g}\dot{x}_{h0}M(h + {}^{g}z_{h})}{I + Mh^2 + {}^{g}z_{h}Mh} + \dot{\phi}_0 \tag{6.18}$$

可以看出 A 的值永远是正的，如果给定躯干姿态角的期望值 ϕ_{d}，那么：

① 假定 $\phi > \phi_{d}$ 且 $B < 0$，只要 ${}^{g}\dot{x}_{h} < 0$，那么 $\dot{\phi}$ 便会为负值，使得 ϕ 趋近于 ϕ_{d}。

② 假定 $\phi > \phi_{d}$ 且 $B > 0$，如果 ${}^{g}\dot{x}_{h} < -B/A$，那么 $\dot{\phi}$ 便会为负值，使得 ϕ 趋近于 ϕ_{d}。

③ 假定 $\phi < \phi_{d}$ 且 $B > 0$，只要 ${}^{g}\dot{x}_{h} > 0$，那么 $\dot{\phi}$ 便会为正数，使得 ϕ 趋近于 ϕ_{d}。

④ 假定 $\phi < \phi_{d}$ 且 $B < 0$，如果 ${}^{g}\dot{x}_{h} > -B/A$，那么 $\dot{\phi}$ 便会为正数，使得 ϕ 趋近于 ϕ_{d}。

通过以上讨论可以看出，只要 ${}^{g}\dot{x}_{h}$ 和（$\phi-\phi_{d}$）为异号，且 ${}^{g}\dot{x}_{h}$ 的绝对值大于某个值，躯干姿态角速度就会沿着躯干姿态角度偏移量相反的方向，驱动躯干到达给定的姿态。基于这一定性的结论，可以设置 ${}^{g}\dot{x}_{h}$ 的值与（$\phi-\phi_{d}$）成反比关系；另外为了缩短系统响应时间，可以增加微分环节。因此，在模型的髋关节速度控制中引入比例-微分控制器：

$$^{g}\dot{x}_{h} = -k_{\phi}(\phi - \phi_{d}) - k_{\dot{\phi}}(\dot{\phi} - \dot{\phi}_{d}) \tag{6.19}$$

基于足端与地面没有相对滑动的假设，在支撑相中支撑足相对于躯干的运动等同于躯干相对于地面的反向运动，即：

$$\begin{aligned}
{}^{g}\dot{x}_{s} &= -{}^{g}\dot{x}_{h}\cos\phi + {}^{g}x_{h}\dot{\phi}\sin\phi - {}^{g}\dot{z}_{h}\sin\phi - {}^{g}z_{h}\dot{\phi}\cos\phi \\
&\approx -{}^{g}\dot{x}_{h} - {}^{g}z_{h}\dot{\phi} = k_{\phi}(\phi - \phi_{d}) + (k_{\dot{\phi}} - {}^{g}z_{h})(\dot{\phi} - \dot{\phi}_{d}) \\
&= k_{p}(\phi - \phi_{d}) + k_{d}(\dot{\phi} - \dot{\phi}_{d})
\end{aligned} \tag{6.20}$$

其中，k_{d} 和 k_{d} 是增益变量，且 $k_{p}=k_{\phi}$，$k_{d}=k_{\dot{\phi}} - {}^{g}z_{h}$。式（6.20）表明，可以通过在支撑足的速度规划中引入关于躯干姿态角度的比例-微分环节来控制躯干的姿态。k_{p} 和 k_{d} 的值通过实验调试获得，并可以根据机器人响应情况进行调整。

6.1.2　Trot 步态控制器

机器人直线运动的控制可分解为支撑相的控制和摆动相的控制，两者均基于上述虚拟腿模型，之后变换到四足模型上。然后在此基础上叠加转向控制器，修正足端位置，使机器人能够实现转向。

为简单起见，除非特殊说明，本节所有的坐标均为在躯干坐标系中表示。

6.1.2.1　支撑相

当足处于支撑相时，如前文所述其 z 坐标应该保持恒定。与此同时其 x 坐标通常是起始点、运动速度和时间的函数，如下所示：

$$\begin{cases} x_s(t) = x_{s0} - \int_0^t \dot{x}\mathrm{d}t \\ z_s(t) = z_0 \end{cases} \tag{6.21}$$

其中，x_s 和 z_s 是支撑足的坐标；$\dot{x}$ 为机器人运动速度；x_{s0} 是支撑足起始点的 x 坐标，即初始时刻支撑足的水平位置；t 是时间变量；z_0 是支撑足起始点的 z 坐标。

通常情况下，$\dot{x}$ 等同于机器人运动速度的期望值，即 $\dot{x} = \dot{x}_d$，其中 $\dot{x}_d$ 代表期望速度。然而我们设计的控制器需要通过足端运动来调节躯干姿态，足端速度中引入了关于姿态角度的比例-微分环节，因此 $\dot{x}$ 应该设置为：

$$\dot{x} = \dot{x}_d + \dot{x}_\phi = \dot{x}_d + k_p(\phi - \phi_d) - k_d(\dot{\phi} - \dot{\phi}_d) \tag{6.22}$$

式中，$\dot{x}_\phi$ 表示维持姿态稳定的速度量。

支撑足的运动轨迹变为：

$$\begin{cases} x_s(t) = x_{s0} - \int_0^t [\dot{x}_d + k_p(\phi - \phi_d) - k_d(\dot{\phi} - \dot{\phi}_d)]\mathrm{d}t \\ z_s(t) = z_0 \end{cases} \tag{6.23}$$

6.1.2.2 摆动相

机器人足端的摆动轨迹应该通过离地点（x_{f0}, z_0）以及落地点（x_{fT}, z_0）。显然其离地点是刚刚过去的支撑相最后时刻的位置，而落地点是接下来的支撑相初始位置。

对于一个以恒定速度 $\dot{x}_d$ 运动，支撑时间为 T_s 的机器人，其足端运动轨迹应该相对于过髋部的垂线对称，因此支撑相轨迹的落地点应该为 $x_{fT} = (\dot{x}_d T_s)/2$。然而根据式（6.22），机器人实际运动速度 $\dot{x}$ 并不等同于 $\dot{x}_d$。Raibert 研究表明，机器人的运行速度能够通过在摆动相落地点上引入关于速度偏差量的函数来进行调节，因此落地点横坐标应为

$$x_{fT} = \frac{\dot{x}_d T_s}{2} + k_{\dot{x}}(\dot{x} - \dot{x}_d) \tag{6.24}$$

为减小落地时足端与地面之间的冲击，一般在规划足端摆动轨迹时要考虑使其在落地、离地以及最高点时纵向速度等于零。另外我们还期望足端运动的位置曲线和速度曲线没有突变。根据式（6.20），支撑足的速度值（同时也是躯干速度值）并非常数，且离地点的坐标也不固定。因此摆动相的足端轨迹应该基于机器人运行的具体状态进行规划。

对于摆动轨迹规划的要求可以总结如下：

$$\begin{cases} x_f(0) = x_{f0}, \dot{x}_f(0) = \dot{x}_{f0}, x_f(T_f) = x_{fT}, \dot{x}_f(T_f) = \dot{x} \\ z_f(0) = z_0, \dot{z}_f(0) = 0, z_f(T_f) = z_0, \dot{z}_f(T_f) = 0 \\ z_f(T_f/2) = z_0 + H_f, \dot{z}_f(T_f/2) = 0 \end{cases} \tag{6.25}$$

其中，x_f 和 z_f 是摆动足的坐标；H_f 指步高；T_f 是摆动相时间，对于占空比为 0.5 的对角小跑步态，$T_f = T_s$。

根据上述要求规划摆动相的足端轨迹方程为：

$$x_f(t) = \frac{-\dot{x}T_f + \dot{x}_{f0}T_f + 2x_{f0} - 2x_{fT}}{T_f^3}t^3 + \frac{3x_{fT} - 3x_{f0} - 2\dot{x}_{f0}T_f - \dot{x}T_f}{T_f^2}t^2 + \dot{x}_{f0}t + x_{f0} \quad (6.26)$$

$$z_f(t) = \begin{cases} z_0 + H_f \times (-\dfrac{16}{T_f^3}t^3 + \dfrac{12}{T_f^2}t^2) & 0 \leqslant t < \dfrac{T_f}{2} \\[3mm] z_0 + H_f \times (\dfrac{16}{T_f^3}t^3 - \dfrac{36}{T_f^2}t^2 + \dfrac{24}{T_f}t - 4) & \dfrac{T_f}{2} \leqslant t < T_f \end{cases} \quad (6.27)$$

下一步的工作是将虚拟腿模型下的运动转化到四足机器人模型的运动。在上述推导过程中我们仅仅在 xz 二维平面给出了虚拟腿模型的足端轨迹，而其向多维的扩展以及向四足机器人上的扩展也较为简单。

6.1.3　转向控制方法

前面所述的控制算法控制机器人纵向或横向运动，转向控制能够使其实现自转或转弯。

我们的控制器利用足部位置的变换生成机器人的转向运动，图 6.3 基于机器人俯视图，显示了如何通过足端位置的变换产生机器人的自转运动。图中的黑色实心圆标明了Hip 关节的位置，空心圆则是足端位置。如果控制足端沿着连接足与质心的直线转动，机器人就会绕其航向轴运动，将其叠加到前述控制器上，就能够在不破坏其直线运动的情况下控制机器人转向。叠加后机器人足端的坐标为

$$\begin{bmatrix} X_i \\ Y_i \\ Z_i \end{bmatrix} = \begin{bmatrix} \cos[\psi(t)] & -\sin[\psi(t)] & 0 \\ \sin[\psi(t)] & \cos[\psi(t)] & 0 \\ 0 & 0 & 1 \end{bmatrix} \begin{bmatrix} x_i \\ y_i \\ z_i \end{bmatrix} \quad (6.28)$$

其中，(x_i, y_i, z_i) 是直线运动中 i 号足在 $\{O_b\}$ 坐标系下的坐标，$i=0$ 代表右前足，$i=1$ 代表左前足，$i=2$ 代表右后足，$i=3$ 代表左后足；(X_i, Y_i, Z_i) 是修正后的 i 号足坐标；$\psi(t)$ 是处于对角线上的髋关节连线与两只脚连线之间的夹角，如图 6.3 所示。

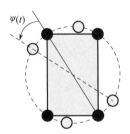

图 6.3　绕航向轴旋转的控制

与前面类似，在支撑足与摆动足规划中的 $\psi(t)$ 变量也是根据转动角速度分别进行规划。如果是支撑足：

$$\psi_s(t) = \psi_{s0} - \int_0^t \dot{\psi}\, \mathrm{d}t \quad (6.29)$$

而对于摆动足：

$$\psi_{\mathrm{f}}(t) = \psi_{\mathrm{f0}} + \int_0^t \dot{\psi}\,\mathrm{d}t \tag{6.30}$$

其中，ψ_{s0} 和 ψ_{f0} 是 $\psi_{\mathrm{s}}(t)$ 和 $\psi_{\mathrm{f}}(t)$ 的初始值；$\dot{\psi}$ 是机器人转动的期望角速度。

综上所述，四足机器人对角步态控制器的控制框图如图 6.4 所示。

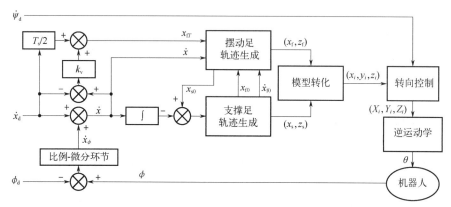

图 6.4　对角步态控制框图

6.1.4　基于虚拟模型的腿部运动控制

上面得到的足端运动轨迹按照腿部虚拟模型的主动柔顺控制方法来实现轨迹的跟随。支撑相和摆动相中期望的足端位置表示为 $[x_{\mathrm{d}}\quad y_{\mathrm{d}}\quad z_{\mathrm{d}}]^{\mathrm{T}}$，机器人腿部实际位置通过关节位置传感器反馈并计算得到，表示为 $[x_{\mathrm{f}}\quad y_{\mathrm{f}}\quad z_{\mathrm{f}}]^{\mathrm{T}}$，则虚拟力可表示为：

$$
\begin{aligned}
f_x &= k_{x\mathrm{stif}}(x_{\mathrm{d}} - x_{\mathrm{f}}) + k_{x\mathrm{damp}}(\dot{x}_{\mathrm{d}} - \dot{x}_{\mathrm{f}}) \\
f_y &= k_{y\mathrm{stif}}(y_{\mathrm{d}} - y_{\mathrm{f}}) + k_{y\mathrm{damp}}(\dot{y}_{\mathrm{d}} - \dot{y}_{\mathrm{f}}) \\
f_z &= k_{z\mathrm{stif}}(z_{\mathrm{d}} - z_{\mathrm{f}}) + k_{z\mathrm{damp}}(\dot{z}_{\mathrm{d}} - \dot{z}_{\mathrm{f}}) + \delta G_{\mathrm{g}}
\end{aligned}
\tag{6.31}
$$

其中，$k_{x\mathrm{stif}}$ 和 $k_{x\mathrm{damp}}$ 表示虚拟的 x 方向上的弹簧刚度和阻尼系数，其他维度定义规范相同；δ 为腿部相位标志，在支撑相为 1，摆动相为 0；G_{g} 为在支撑相施加的前馈力补偿，前馈力可以有效提高机器人的运动性能，第 8 章将探讨基于 MPC 的前馈力方法，此处仅将重力作为前馈力进行补偿，对角步态下一般可取为机器人重力的一半。运动控制中区别支撑相和摆动相的刚度和阻尼参数不同，如在 SCalf-Ⅱ 机器人上支撑相 z 方向刚度为 20N/mm，阻尼为 0.2N/(mm·s)，而摆动相仅需要一半刚度大小即可实现良好跟踪，x、y 方向的刚度、阻尼可设置为比 z 方向更小。该虚拟力转换到关节中实现关节扭矩伺服：

$$
\begin{bmatrix} \tau_{\mathrm{HA}} \\ \tau_{\mathrm{HF}} \\ \tau_{\mathrm{KF}} \end{bmatrix} = \boldsymbol{J}^{\mathrm{T}} \begin{bmatrix} f_x \\ f_y \\ f_z \end{bmatrix} \tag{6.32}
$$

其中，τ_{HA} 表示腿部关节中内收外摆髋关节扭矩；τ_{HF} 表示俯仰髋关节扭矩；τ_{KF} 表示膝关节扭矩。此处均以一条腿为例来说明伺服过程，每条腿都执行相同的虚拟力计算和关节扭矩映射过程，其中关节扭矩的伺服依据第 2 章介绍方法进行控制。

6.2
基于 SLIP 模型的四足机器人运动控制仿真实验部分

6.2.1　仿真模型构建

Webots 中建立的四足机器人模型如图 6.5 所示，包含一个完整模型和一个简化模型，这里机器人以与 MIT 的 mini-cheetah 尺寸参数基本一致的 SDUQuad-24 为模型，对应优宝特同类产品 Yobogo。机器人模型构建与之前章节一致，在此不再赘述。

图 6.5　Webots 仿真中机器人模型

6.2.2　代码分析

之前章节将代码完整地分析说明，随着学习的深入代码会越来越长，而且很多会与之前章节内容重复，比如腿部的运动学、逆运动学、雅可比等。为了高效地进行核心算法讲解，下面代码分析部分将只对最主要内容进行解释和说明，很多细枝末节和重复代码将不再解释。

下面先看整个代码框架：

```
1.   int main(int argc, char** argv)
2.   {
3.     Robot_Init();
4.     while (wb_robot_step(TIME_STEP) != -1) {
```

```
5.      running_time += TIME_STEP / 1000.0;
6.      Update_Robot_Info(); //状态更新层
7.      Calc_Joint_Speed();
8.      Display_Info();//信息显示
9.      key = wb_keyboard_get_key(); //遥控指令
10.     GetKeyBoard(key, &remoter);
11.     //控制算法层
12.     if (running_time < 1.0) //5s 时间用来准备到初始位置
13.       SlowToInitPos();
14.     else if (running_time > 1.0)
15.     { PrintState();
16.       DoEvents();}
17.     //驱动层
18.     if (running_time < 1.5) //位置控制过渡到期望腿部构型
19.     {
20.      for (i = 0; i < 4; i++)
21.       Set_Position(RobotDevice, leg[i]);
22.     }
23.     else{
24.      for (i = 0; i < 4; i++)
25.      {
26.       if (servo_method == LEG_PD_CONTROL) // 关节 PD 力控方式
27.        leg_JointTorque_PD(&leg[i]);
28.       else if (servo_method == LEG_VM_CONTROL) //虚拟模型力控方式
29.        leg_VM(&leg[i]);
30.       else if (servo_method == LEG_POSITION_CONTROL) // 位置控制方式
31.        Set_Position(RobotDevice, leg[i]);
32.     ……
```

在 main 函数中，第 3 行首先进行初始化，即 Webots 中各种传感器、执行器和变量初始化；第 4 行开始进入周期无限循环，此处的 TIME_STEP 设置为 5，即 200Hz 的控制频率；循环中，第 5 行通过累计统计算法执行时间；第 6 行执行机器人状态更新，包括执行器数据更新、运动学数据计算等；第 7 行通过关节位置传感器计算关节速度信息；第 8 行执行 Webots 中 Display 控件展示信息的更新；第 9 行读取键盘输入；第 10 行进行按键解析，实现机器人控制模式切换以及期望运动参数更新；第 12 行实现机器人控制器前 1s 时间的控制；第 13 行各个关节缓慢过渡到初始期望位置，实现机器人关节构型初始化；第 14～16 行表示大于 1s 后开始执行有效的控制（DoEvents），里面根据按键指令执行 SLIP 模式步态运动等；第 18~31 行实现了腿部运动控制模式的切换，在前 1.5s 执行位置控制，之后根据 servo_method 指定的伺服方式执行，腿部控制方式在前面章节介绍过位置控制、PD 控制、虚拟模型控制，在这里均得以体现，这三种腿部控制方式均可实现 SLIP 模型下步态运动功能，但其对应的参数以及效果各不相同，可自行修改进行仿真体验。

上述代码框架中，核心算法在 DoEvents 中：

```
1.   void DoEvents()
2.   {
3.    switch (robotState)
4.    {
5.    case STAT_STOP:
6.     Stopping();
7.     break;
8.    case STAT_READY:
9.     ReadToDo();
10.    break;
11.   case STAT_SIT:
12.    Sit();
13.    break;
14.   case STAT_STANDINGUP:
15.    StandingUp();
16.    break;
17.   case STAT_SITTINGDOWN:
18.    SittingDown();
19.    break;
20.   case STAT_SLIPTROT:
21.    SlipTrot();
22.    break;
23.   case STAT_TORSOSHOWROTATION:
24.    TorsoShowRotation();
25.    break;
26.   case STAT_TORSOSHOWTRANSFORM:
27.    TorsoShowTransform();
28.    break;
29.   case STAT_JUMP:
30.    Jump();
31.    break;
32.   default:
33.    printf("DoEvents:Unknown state: %d\n", robotState);
34.   }
35.   GoToRef();
36.   statetime += TIME_STEP / 1000.0 * remoter.stepfrequency;
37.  }
```

可以看到这是通过一个 switch 语句构建的状态机，根据按键更新 robotState，进行状态切换，如第 6 行实现停止运动状态，第 12 行实现趴下运动状态，第 15 行实现站立起来运动状态，下面还有躯干旋转运动 TorsoShowRotation、躯干平移运动 TorsoShow-Transform、跳跃运动 Jump 等。本章主要介绍 SLIP 模型下的步态运动，即第 21 行 SlipTrot()。

下面先看一下 SlipTrot 函数：

```
1.   void SlipTrot()
2.   {
```

```
3.    slip.T = 1.0 / stepfrequency;
4.    slip.step_height = remoter.stepheight / 1000.0; //m
5.    slip.kv_x = 0.01;
6.    slip.kp_pitch = -0.01;
7.    slip.kd_pitch = 0;
8.    slip.kv_y = 0.04;
9.    slip.kp_roll = 0.005;
10.   slip.kd_roll = 0.000;
11.   slip.vd_x = remoter.rx;
12.   slip.vd_y = remoter.ry;
13.   slip.omegad = remoter.rw;
14.   Trot(&slip, &leg[0], &leg[1], &leg[2], &leg[3], &imu);
15.   //期望位置转换到 Hip 坐标系下
16.   for (i = 0; i < 4; i++)
17.   {
18.    leg[i].expectedPos = Global2Hip(&leg[i], leg[i].legRefInBase);
19.    leg[i].expectedAng = Hip2Angle(&leg[i], leg[i].expectedPos);
20.   }
21.   //紧急停止
22.   if (remoter.Reset) //停止复位
23.   {
24.    ……
25.   }
26.  }
```

第 3～13 行进行控制参数设置，如第 3 行的步态周期 T，第 4 行的抬腿高度，以及第 11～13 行的 x、y、z 方向速度是可以根据键盘输入进行调整的；第 14 行进入方法的核心内部，计算执行期望的 SLIP 模型下 Trot 步态运动需要执行的腿部位置；第 16~20 行将上述算法计算的躯干坐标下腿部位置转换为 Hip 坐标下位置以及对应的关节角度（根据后续腿部控制方式不同，如果不进行位置控制是用不到关节角度的，这里为形式统一而全部计算出来）；第 22 行执行状态切换用，如果在 Trot 步态运动过程中收到状态切换指令则需要进行状态切换。

下面再看 Trot() 函数内部：

```
1.    void Trot(Slip *SLIP,Leg *RF_Leg,Leg *LF_Leg,Leg *RH_Leg,Leg *LH_Leg, IMU *IMU)
2.    {
3.     SLIP_Init(SLIP, LF_Leg, RF_Leg, LH_Leg, RH_Leg);
4.
5.     Trot_Velocity(SLIP, LF_Leg, RF_Leg, LH_Leg, RH_Leg);
6.
7.     Trot_Turn(LF_Leg, *SLIP);
8.     Trot_Turn(RF_Leg, *SLIP);
9.     Trot_Turn(LH_Leg, *SLIP);
10.    Trot_Turn(RH_Leg, *SLIP);
11.
```

```
12.    SLIP->pitch = IMU->pitch;
13.    SLIP->roll= IMU->roll;
14.    SLIP->pitch_v = IMU->pitch_v;
15.    SLIP->roll_v = IMU->roll_v;
16.
17.    Time_State(SLIP, LF_Leg, RF_Leg, LH_Leg, RH_Leg);
18.
19.    Leg_SLIP(LF_Leg, *SLIP);
20.    Leg_SLIP(RF_Leg, *SLIP);
21.    Leg_SLIP(LH_Leg, *SLIP);
22.    Leg_SLIP(RH_Leg, *SLIP);
23.  }
```

第 3 行执行初始化，会设置机器人尺寸参数、步态时间参数、腿部初始状态等信息；第 5 行通过运动学计算机器人躯干处速度信息，这里假设支撑相下足端与地面有效接触不会打滑，则腿部速度与躯干速度大小相等方向相反，函数里面通过计算支撑相下腿部速度然后滤波得到躯干速度；第 7～10 行执行四条腿的转向运动，参考 6.1.3 节理论原理，代码很容易看懂；第 17 行执行 Trot 运动的状态切换，即根据规划的时间顺序进行腿部支撑相和摆动相的切换；第 19～22 行根据 6.1.2 节推导的腿部运动轨迹执行步态运动。

再深入 Leg_SLIP()函数：

```
1.   void Leg_SLIP(Leg *leg, Slip slip)
2.   {
3.    double A[2], B[2], C[2], D[2];
4.
5.    A[0] = (-slip.v_x * slip.Ts + slip.v_lo_x * slip.Ts + 2 * slip.pos_lo_x - (slip.vd_x
* slip.Ts + 2 * slip.kv_x * (slip.v_x - slip.vd_x))) / slip.Ts / slip.Ts / slip.Ts;
6.    A[1] = (-slip.v_y * slip.Ts + slip.v_lo_y * slip.Ts + 2 * slip.pos_lo_y - (slip.vd_y
* slip.Ts + 2 * slip.kv_y * (slip.v_y - slip.vd_y))) / slip.Ts / slip.Ts / slip.Ts;
7.
8.    B[0] = (3 * slip.vd_x * slip.Ts + 6 * slip.kv_x * (slip.v_x - slip.vd_x) - 6 * slip.pos_lo_x
- 4 * slip.v_lo_x * slip.Ts + 2 * slip.v_x * slip.Ts) / 2 / slip.Ts / slip.Ts;
9.    B[1] = (3 * slip.vd_y * slip.Ts + 6 * slip.kv_y * (slip.v_y - slip.vd_y) - 6 * slip.pos_lo_y
- 4 * slip.v_lo_y * slip.Ts + 2 * slip.v_y * slip.Ts) / 2 / slip.Ts / slip.Ts;
10.
11.    C[0] = slip.v_lo_x;
12.    C[1] = slip.v_lo_y;
13.
14.    D[0] = slip.pos_lo_x;
15.    D[1] = slip.pos_lo_y;
16.
17.    switch (leg->state)
18.    {
19.    case SWING_STATE: //Flight Phase
20.    {
21.      leg->legFootGivenSlipTrot.x = 1000.0*(A[0] * slip.t*slip.t*slip.t + B[0] * slip.
```

```
t*slip.t + C[0] * slip.t + D[0]);
22.  ……
23.  }
24.  break;
25.
26.  case STAND_STATE: //Support Phase
27.  {
28.    leg->legFootGivenSlipTrot.x += 1000.0*slip.kp_pitch * (slip.pitch - slip.pitch_d) +
1000.0*slip.kd_pitch * slip.pitch_v - 1000.0 * slip.vd_x * slip.time_step;
29.  ……
30.  }
31.  ……
```

上述代码就是式（6.26）的具体实现，A[*]表示公式中的第*项，对应公式很容易理解。

6.2.3 仿真验证

编译好代码后进行 Webots 仿真，选择 slip_controller_linux，该控制器中集成了多个运动模式，其切换通过键盘按键控制，如表 6.2～表 6.4 所示。

表 6.2 模式按键表

控制模式	按键	功能
躯干平移运动	1	通过方向按键控制躯干前后左右平移
躯干旋转运动	2	通过方向按键控制躯干 rpy 角旋转
SLIP 模式 Trot 运动	3	通过方向按键控制全向运动

表 6.3 方向按键表

按键	功能
W	x 方向控制量增加 Δ（其中 Δ 为定义的参数）
S	x 方向控制量减小 Δ
A	y 方向控制量增加 Δ
D	y 方向控制量减小 Δ
Q	z 方向控制量增加 Δ
E	z 方向控制量减小 Δ

表 6.4 功能按键表

按键	功能
R	停止当前运动模式，恢复为等待模式
Up（键盘上）	步态高度增大 1cm
Down（键盘下）	步态高度减小 1cm
H	步态频率提高 0.1Hz
J	步态频率减小 0.1Hz
P	机器人趴下/站立起来

本节中仅使用控制模式中的 SLIP 模式下的 Trot 运动模式，即进入仿真后，待机器人稳定站立后，按键盘上的 3 进入步态运动模式，此时机器人会踏步走起来；通过 W/S/A/D 按键可以控制机器人的前后左右运动，Q/E 按键控制机器人的左右转向；默认机器人的步态高度是 5cm，步频是 2.0Hz，通过 Up/Down 和 H/J 按键调整参数，降低步态高度以及提高步频可有效提高稳定性。

思考与作业

（1）作业

① 基于上述机器人控制方式，尝试控制机器人：

- 全向运动，通过记录 GPS 位置或者直接绘制躯干运动轨迹查看跟随效果；
- 修改 SLIP 控制参数，试验与侧向冲击相关参数，并调出最优效果。

② 通过调参和模式调整实现仿真中四足机器人：

- 1.2m/s 以上快速运动；
- 上下 10°以上斜坡（自己搭建）；
- 5cm 楼梯地形运动。

记录实验数据，绘制数据图证明上述实验结果。

（2）思考与探索

本章学习的 SLIP 控制方法，是否可应用于双足机器人运动控制？

参考文献

[1] Zhang G T, Liu J C, Rong X W, et al. Design of trotting controller for the position-controlled quadruped robot[J]. High Technology Letters, 2016 (3): 321-333.

[2] 张国腾. 四足机器人主动柔顺及对角小跑步态运动控制研究[D]. 济南: 山东大学, 2016.

[3] 陈腾. 基于力控的四足机器人高动态运动控制方法研究[D]. 济南: 山东大学, 2020.

本章附录

Hip 坐标系位置及其速度和加速度推导过程：

$$^g x_h = -r\sin\theta$$
$$^g \dot{x}_h = -\dot{r}\sin\theta - r\dot\theta\cos\theta$$
$$^g \ddot{x}_h = -(\dot{r}\sin\theta)' - [(r\cos\theta)\dot\theta]'$$
$$= -(\ddot{r}\sin\theta + \dot{r}\dot\theta\cos\theta) - [(\dot{r}\cos\theta - r\dot\theta\sin\theta)\dot\theta + r\ddot\theta\cos\theta]$$
$$= -\ddot{r}\sin\theta - 2\dot{r}\dot\theta\cos\theta + r\dot\theta^2\sin\theta - r\ddot\theta\cos\theta$$

第 7 章

四足机器人全身虚拟模型控制

扫码获取配套资源

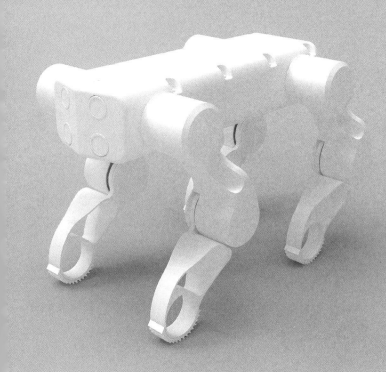

本章开始介绍基于优化方法的腿足机器人运动控制，大部分腿足机器人为欠驱动系统，即无法通过机器人的执行器控制所有自由度运动，比如四足机器人可控制的关节为 12 个，而机器人具有 18 个自由度（6 个浮动基自由度），则无法实现可控关节对所有自由度的解析控制。

针对这种难题，前面章节介绍了基于 SLIP 模型的方法，借助落足点位置规划实现机器人运动速度和平衡调节。虽然现在有论文从原理上证明了这类方法的稳定性，但机器人完整运动过程的力学稳定性不清晰。

一个稳定的机器人运动控制器应该实现整个运动周期内力学稳定可证，而几乎所有机器人因为欠驱动，虽然完整受力分析可构建，但控制量不够造成没有可行解。将这一问题类比为简单数学问题，描述为：有 m 个线性无关方程及 n 个未知数，由于 $m>n$，无法求出满足 m 个问题的解，但通过数值优化方法可以实现 m 个方程误差最小情况下的求解。将这种优化方法应用在腿足机器人运动控制上，已被证明有效且表现出的运动性能比之前介绍的规划方法更优，因而现在成为主流的腿足机器人控制方法。

本章面向四足机器人对角步态 Trot 运动设计基于全身虚拟模型的最优控制方法，同时探索机器人不同构型对运动性能的影响。

7.1
四足机器人全身虚拟模型控制知识部分

7.1.1　虚拟模型建模

本节介绍基于虚拟模型的机器人全尺寸建模方法，通过控制躯干处的虚拟力和力矩来提高机器人对崎岖环境和外力扰动的适应能力。在支撑相，基于机器人的全尺寸模型构建躯干处的虚拟模型控制器及其对应的最优足底力分配方法，得到支撑相下的机器人最优足底力控制；在摆动相，使用腿部虚拟模型控制方式实现轨迹追踪。机器人全尺寸建模和最优足底力分配方法可以有效地提高机器人运动能力。

本章使用的机器人模型为山东大学机器人研究中心设计的 SCalf-Ⅲ，该机器人构型为前膝后肘式，其构型设计参考了美国波士顿动力的 LS3，是一个面向野外复杂环境的大型液压四足机器人。本章在介绍基于虚拟模型的最优控制方法时，也会探索全肘式、全膝式、前膝后肘式、前肘后膝式构型对运动性能的影响。

7.1.2　支撑相虚拟模型

Scalf-Ⅲ 机器人如图 7.1 所示，机器人自重约 270kg，因为机器人腿部质量相较于躯干较小，在进行躯干虚拟模型构建时将腿部简化为无质量连杆以简化建模分析过程。以机器人躯干几何中心 B 作为建模的原点，并假设质量集中于 B 点。在 Trot 步态下机器人每时刻都有对角线上前后两条腿处于支撑相，对两条支撑腿和躯干组成的系统进行受力分析，假设躯干质心处期望的虚拟力为 $[{}^B\boldsymbol{F}\quad{}^B\boldsymbol{T}]^{\mathrm{T}}$，则将虚拟力分配到支撑腿上得到如下表示形式：

$$\begin{bmatrix}{}^B\boldsymbol{F}\\{}^B\boldsymbol{T}\end{bmatrix}=\begin{bmatrix}\boldsymbol{I}&\boldsymbol{I}\\\boldsymbol{p}_{\mathrm{F}}\times&\boldsymbol{p}_{\mathrm{H}}\times\end{bmatrix}\begin{bmatrix}\boldsymbol{F}_{\mathrm{F}}\\\boldsymbol{F}_{\mathrm{H}}\end{bmatrix}+\begin{bmatrix}\boldsymbol{G}\\\boldsymbol{O}\end{bmatrix}\qquad（7.1）$$

其中，$\boldsymbol{F}_{\mathrm{F}}=[f_x\quad f_y\quad f_z]^{\mathrm{T}}$，$\boldsymbol{F}_{\mathrm{H}}=[h_x\quad h_y\quad h_z]^{\mathrm{T}}$ 分别表示需要施加在前腿和后腿的虚拟支撑力；$\boldsymbol{p}_{\mathrm{F}}=[x_{\mathrm{F}}\quad y_{\mathrm{F}}\quad z_{\mathrm{F}}]^{\mathrm{T}}$，$\boldsymbol{p}_{\mathrm{H}}=[x_{\mathrm{H}}\quad y_{\mathrm{H}}\quad z_{\mathrm{H}}]^{\mathrm{T}}$ 分别表示前腿和后腿的支撑点相对于质心点的位置向量，x_{F}、y_{F}、z_{F} 和 x_{H}、y_{H}、z_{H} 分别为前腿和后腿的坐标；$\boldsymbol{I}$ 表示单位矩阵；$\boldsymbol{p}_{\mathrm{F}}\times$ 和 $\boldsymbol{p}_{\mathrm{H}}\times$ 表示位置向量的叉乘形式；$\boldsymbol{G}$ 表示重力向量。

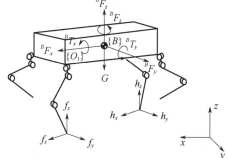

图 7.1　SCalf-Ⅲ机器人建模简化图

式（7.1）的展开解析形式可以表示为：

$$\begin{aligned}
{}^B F_x &= f_x + h_x + G_x\\
{}^B F_y &= f_y + h_y + G_y\\
{}^B F_z &= f_z + h_z + G_z\\
{}^B T_x &= f_z y_{\mathrm{F}} + h_z y_{\mathrm{H}} - f_y z_{\mathrm{F}} - h_y z_{\mathrm{H}}\\
{}^B T_y &= -f_z x_{\mathrm{F}} - h_z x_{\mathrm{H}} + f_x z_{\mathrm{F}} + h_x z_{\mathrm{H}}\\
{}^B T_z &= -f_x y_{\mathrm{F}} - h_x y_{\mathrm{H}} + f_y x_{\mathrm{F}} + h_y x_{\mathrm{H}}
\end{aligned}\qquad（7.2）$$

其中

$$\begin{aligned}
G_x &= M_{\mathrm{b}} g \cos\alpha \sin\beta\\
G_y &= -M_{\mathrm{b}} g \sin\alpha \cos\beta\\
G_z &= M_{\mathrm{b}} g \cos\alpha \cos\beta
\end{aligned}$$

式中，α 为躯干的横滚角；β 为俯仰角；M_{b} 为机器人躯干质量；g 为重力加速度。虚拟力和力矩 $[{}^B\boldsymbol{F}\quad{}^B\boldsymbol{T}]^{\mathrm{T}}$ 的设计基于机器人躯干虚拟模型方法，如图 7.1 所示，将躯干与地面投影处等效为 3 维空间内的弹簧阻尼模型，每个维度上有牵引力和该维度上的扭转力，设计的虚拟模型力为：

$$
\begin{aligned}
{}^{B}F_x &= k_x(\dot{x}_\mathrm{d} - \dot{x}) \\
{}^{B}F_y &= k_y(\dot{y}_\mathrm{d} - \dot{y}) \\
{}^{B}F_z &= k_z(h_\mathrm{d} - h) + \dot{k}_z(\dot{h}_\mathrm{d} - \dot{h}) \\
{}^{B}T_x &= k_\alpha(\alpha_\mathrm{d} - \alpha) + \dot{k}_\alpha(\dot{\alpha}_\mathrm{d} - \dot{\alpha}) \\
{}^{B}T_y &= k_\beta(\beta_\mathrm{d} - \beta) + \dot{k}_\beta(\dot{\beta}_\mathrm{d} - \dot{\beta}) \\
{}^{B}T_z &= k_\omega(\omega_\mathrm{d} - \omega)
\end{aligned}
\tag{7.3}
$$

其中，$\dot{x}$、$\dot{y}$ 分别表示机器人在 x 和 y 方向的运动速度；h 表示机器人质心高度；ω 表示机器人偏航角速度；相同符号下标有 d 表示机器人期望变量；k_x、k_y、k_z 表示 x、y、z 方向速度的跟随刚度系数；k_α、k_β、k_ω 表示横滚角、俯仰角、偏航角速度的跟随刚度系数；$\dot{k}_z$ 表示机器人高度变化阻尼系数；$\dot{k}_\alpha$、$\dot{k}_\beta$ 表示横滚角速度、俯仰角速度的跟随阻尼系数。

7.1.3 支撑相最优力分配

支撑相基于虚拟模型的力分配公式 [式（7.2）] 可整理成矩阵形式为：

$$
\underbrace{
\begin{bmatrix}
{}^{B}F_x - M_\mathrm{b}g\cos\alpha\sin\beta \\
{}^{B}F_y - M_\mathrm{b}g\sin\alpha\cos\beta \\
{}^{B}F_z + M_\mathrm{b}g\cos\alpha\cos\beta \\
{}^{B}T_x \\
{}^{B}T_y \\
{}^{B}T_z
\end{bmatrix}
}_{b}
=
\underbrace{
\begin{bmatrix}
1 & 0 & 0 & 1 & 0 & 0 \\
0 & 1 & 0 & 0 & 1 & 0 \\
0 & 0 & 1 & 0 & 0 & 1 \\
0 & -z_\mathrm{F} & y_\mathrm{F} & 0 & -z_\mathrm{H} & y_\mathrm{H} \\
z_\mathrm{F} & 0 & -x_\mathrm{F} & z_\mathrm{H} & 0 & -x_\mathrm{H} \\
-y_\mathrm{F} & x_\mathrm{F} & 0 & -y_\mathrm{H} & x_\mathrm{H} & 0
\end{bmatrix}
}_{A}
\underbrace{
\begin{bmatrix}
f_x \\
f_y \\
f_z \\
h_x \\
h_y \\
h_z
\end{bmatrix}
}_{x}
\tag{7.4}
$$

求解支撑力向量 x 即求解一个线性矩阵方程问题，但 A 是不满秩矩阵，所以质心虚拟力到支撑腿的力分配方法没有唯一解，这种情况在腿足机器人运动控制中常见，很多研究者为此提出了多种不同解决方法。自然界四足动物很少使用侧向运动，Zhang 等人提出强制侧向力相同策略，即施加约束 $f_y = h_y$，使得 A 成为满秩矩阵；鄂明成等人提出使用加权平均 z 方向力的方法来分配支撑力，并仿真验证了这种方法在平坦地形可实现良好的运动效果；苏黎世联邦理工学院学者在研发的 StarlETH 机器人控制上提出将力分配问题转换成求解二次型（QP）优化问题，实现了多种步态下的鲁棒运动，由于其构建的优化方程维度较大，无法满足每个控制周期内实时更新足底力的要求。这里基于 StarlETH 机器人使用的 QP 方法，针对四足机器人 Trot 步态，将优化变量减少为前后两个支撑腿的三维足底力即 6 个变量，实现实时最优力分配求解。

将上述力分配问题转换成求解二次型优化问题形式，优化目标为求解的足底力满足式（7.4），同时期望足底力能够尽量小以满足驱动器输出的限制和实现高效的输出效率：

$$\min \boldsymbol{f} = (\boldsymbol{Ax} - \boldsymbol{b})^{\mathrm{T}} \boldsymbol{S}(\boldsymbol{Ax} - \boldsymbol{b}) + \boldsymbol{x}^{\mathrm{T}} \boldsymbol{Wx}$$

s.t.

$$\begin{aligned}
&|f_x| < \mu f_z \\
&|f_y| < \mu f_z \\
&|h_x| < \mu h_z \\
&|h_y| < \mu h_z \\
&0 < f_z < f_{\max} \\
&0 < h_z < h_{\max}
\end{aligned}$$ （7.5）

其中，$\boldsymbol{S}$ 和 $\boldsymbol{W}$ 都是对角矩阵，分别表示足底力跟随权重和足底力惩罚矩阵，优化目标的约束为足底力的摩擦锥约束；μ 表示摩擦系数，同时竖直方向的足底力满足最大输出限制。

7.1.4　摆动相模型控制

机器人摆动相模型控制由摆动腿足端轨迹规划和摆动腿伺服控制两部分组成，摆动腿足端轨迹规划基于 Raibert 提出的落足点规划方法，设计 x 方向轨迹为：

$$x_{\mathrm{d}}(t) = x(t) + [\dot{x}\frac{T_{\mathrm{s}}}{2} + k_{vx}(\dot{x} - \dot{x}_{\mathrm{d}}) - x(t)] / [(T_{\mathrm{s}} - t) / \varepsilon_{\mathrm{t}}]$$ （7.6）

其中，$x_{\mathrm{d}}(t)$ 表示 t 时刻期望的足端位置；$x(t)$ 表示当前的足端位置；T_{s} 表示支撑相时间；$\dot{x}$ 表示当前机器人沿 x 方向速度；k_{vx} 表示速度误差补偿系数；ε_{t} = 4ms，表示步态控制的执行间隔。

y 方向轨迹规划方法为：

$$y_{\mathrm{d}}(t) = y(t) + [\varDelta + \dot{y}\frac{T_{\mathrm{s}}}{2} + k_{vy}(\dot{y} - \dot{y}_{\mathrm{d}}) - y(t)] / [(T_{\mathrm{s}} - t) / \varepsilon_{\mathrm{t}}]$$ （7.7）

由于机器人结构原因，左右侧腿在每条腿髋关节坐标系下有非统一参数 $\varDelta$，左侧腿为+57mm，右侧腿为-57mm。

z 方向的轨迹规划成 4 次方程曲线，以保证运动速度和加速度连续：

$$z_{\mathrm{d}}(t) = H(\frac{16}{T_{\mathrm{s}}^4}t^4 - \frac{32}{T_{\mathrm{s}}^3}t^3 + \frac{16}{T_{\mathrm{s}}^2}t^2) - L_{\mathrm{s}}$$ （7.8）

其中，H 表示期望的摆动腿高度；L_{s} 表示机器人站立时高度，其值和支撑相中的 h_{d} 相同。按照上述方法设计的足端轨迹会根据机器人的期望运动速度、运行中实际速度以及期望的步高、步频等参数的变化而变换，通过速度反馈的方式维持机器人运动速度的稳定。图 7.2 绘制了机器人在期望站立高度 0.75m，抬腿高度 0.15m，步频 1.5Hz，期望 x 方向运动速度 1m/s 情况下,由不同初始速度加速至 1m/s 时在 xz 平面上的摆动相轨迹。

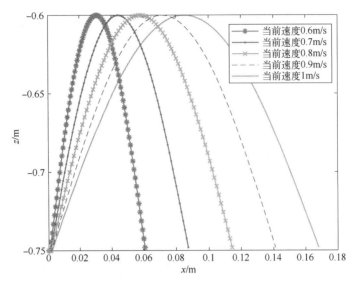

图 7.2　目标速度为 1m/s 时不同初始速度下 xz 平面摆动相轨迹

摆动相的伺服控制通过腿部虚拟模型方法实现，将摆动腿等效成为弹簧阻尼模型，计算摆动腿的 3 维虚拟力：

$$f_x = k_{sx}(x_d - x) + k_{dx}(\dot{x}_d - \dot{x})$$
$$f_y = k_{sy}(y_d - y) + k_{dy}(\dot{y}_d - \dot{y})$$
$$f_z = k_{sz}(z_d - z) + k_{dz}(\dot{z}_d - \dot{z})$$

（7.9）

其中，k_{sx}、k_{sy}、k_{sz} 表示摆动腿模型的刚度参数；k_{dx}、k_{dy}、k_{dz} 表示摆动腿的阻尼参数。通过腿部雅可比矩阵将末端执行器力转换成关节力矩：

$$\boldsymbol{\tau}_{vm} = \begin{bmatrix} \boldsymbol{J}_f^{\mathrm{T}} & \boldsymbol{O} \\ \boldsymbol{O} & \boldsymbol{J}_h^{\mathrm{T}} \end{bmatrix} \begin{bmatrix} \boldsymbol{f}_{sf} \\ \boldsymbol{h}_{sf} \end{bmatrix}$$

（7.10）

其中，$\boldsymbol{f}_{sf} = [f_x \quad f_y \quad f_z]^{\mathrm{T}}$，表示前腿摆动相的虚拟力；$\boldsymbol{h}_{sf}$ 表示摆动相中后腿的虚拟力；$\boldsymbol{J}_f$ 和 $\boldsymbol{J}_h$ 分别表示前腿和后腿足端的雅可比矩阵。

以上所述构成的基本控制框架如图 7.3 所示。机器人支撑相下将期望的躯干运动通

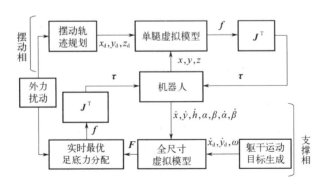

图 7.3　机器人整理控制框图

过虚拟弹簧阻尼模型方法转换成期望的躯干虚拟力和力矩，进而通过最优足底力分配方法求得支撑足的足底力。摆动相中设计的摆动轨迹通过腿部虚拟弹簧阻尼模型直接转换成期望的足底力。摆动相和支撑相中的足底力都是通过雅可比矩阵转换到关节上进行关节扭矩伺服实现机器人运动的，支撑相和摆动相通过时间状态机来进行切换，由非平整地形或者外力造成的扰动通过支撑相的足底力分配和摆动轨迹的规划得到调整。

7.2
四足机器人全身虚拟模型控制仿真实验部分

7.2.1　仿真模型构建

Webots 中建立的四足机器人模型如图 7.4 所示，这里机器人构型为前膝后肘式。本章介绍的控制方法输出控制量为关节扭矩，即腿部控制量仅与足端位置有关，与腿部构型无关，所以本方法适用于四足机器人各种构型，如图 7.5 所示。实现不同构型下运动仅需要仿真开始阶段给定一个初始腿部构型角度，后面运行算法即可无差执行。

图 7.4　Webots 仿真中机器人模型

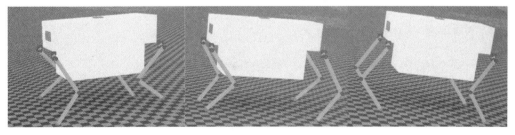

图 7.5　前肘后膝式、全肘式、前膝后肘式构型

7.2.2　代码分析

与之前控制器代码一样，本节控制器进入主函数后首先进行常规的初始化、读取键盘按键、根据指令进入期望运动状态等操作，这部分不再进行叙述。根据指令进入虚拟模型控制的 Trot 步态运动函数如下：

```
1.    void CRobot::VirtualMode_trotting()
2.    {
3.      //遥控器参数
4.      VM_slip.vd[0] = remote.rx;
5.      VM_slip.vd[1] = remote.ry;
6.      VM_slip.omegad = remote.rr;
7.      //运动参数设置
8.      VM_slip.Ts = 1.0 / 2.0 / remote.stepfrequency;
9.      stepfrequency = remote.stepfrequency;
10.     stepheight = remote.stepheight;
11.     VM_slip.step_height = remote.stepheight / 1000.0;
12.     VM_slip.roll = analog.InerUnit_roll;
13.     VM_slip.pitch = analog.InerUnit_pitch;
14.     VM_slip.running_time += TIME_STEP / 1000.0;
15.     //虚拟模型执行
16.     VtualMode_trot.VM_run(&VM_slip, &leg[0],…, &analog);
17.    }
```

进入虚拟模型控制入口函数后，第 4～6 行读取遥控器，也就是键盘设定的 x、y、z（旋转）方向速度参数；第 8～14 行设置基本运动控制参数，即第 8 行通过步频参数设置支撑相时间，第 11 行设置步高参数，第 12、13 行设置当前机器人的横滚角和俯仰角；第 16 行进入虚拟模型的核心算法。

下面分析核心算法部分：

```
1.    void VM_trot::VM_run(VMSlip* slip, CLeg* RF_Leg, CLeg* LF_Leg, CLeg* RH_Leg, CLeg* LH_Leg,
CAnalog* imu)
2.    {
3.      if (VM_init_flag == false)
4.       init(slip, RF_Leg, LF_Leg, RH_Leg, LH_Leg);
5.
6.      slip->t += TIME_STEP / 1000.0;
7.      //判断是否进行状态切换
8.      if (slip->state == RF_LH_SWING) //右前左后摆动相
9.      {
10.      if ((slip->t >= slip->Ts))
11.       VM_Change_State(slip, RF_Leg, LF_Leg, RH_Leg, LH_Leg);
12.     }
13.     else //右前左后支撑相
```

```
14.    {
15.      if ((slip->t >= slip->Ts))
16.        VM_Change_State(slip, RF_Leg, LF_Leg, RH_Leg, LH_Leg);
17.    }
18.    //计算速度
19.    Trot_Velocity(slip, LF_Leg, RF_Leg, LH_Leg, RH_Leg);
20.
21.    //计算支撑摆动相的虚拟力力矩
22.    if (LF_Leg->state == LEG_IN_STAND)    //左前右后支撑相
23.    {
24.      TorsoForce(slip, LF_Leg, RH_Leg, imu);//计算躯干虚拟力   支撑腿
25.      LegForce(slip, LF_Leg, RH_Leg); //计算足底虚拟力   支撑腿
26.      Swing_leg(slip, RF_Leg); //摆动腿的虚拟模型 得到关节力矩
27.      Swing_leg(slip, LH_Leg);
28.    }
29.    else
30.    {
31.      TorsoForce(slip, RF_Leg, LH_Leg, imu);//计算躯干虚拟力   支撑腿
32.      LegForce(slip, RF_Leg, LH_Leg); //计算足底虚拟力   支撑腿
33.      Swing_leg(slip, LF_Leg); //摆动腿的虚拟模型 得到关节力矩
34.      Swing_leg(slip, RH_Leg);
35.    }
36.  }
```

第 3 行判断是否第一次进入该函数，第一次进入时初始化每条腿的状态，即设置一组对角腿为支撑相，另一组对角腿为摆动相；第 6 行统计算法执行时间，以便于第 10 行和第 15 行进行对角腿的状态切换；第 19 行通过支撑腿位置变化计算机器人的运动速度，以实现机器人状态估计；第 22 行开始根据对角腿的状态，对处于支撑的两条腿计算躯干虚拟力，对另一组对角腿进行摆动控制，如第 22 行，当前为左前右后支撑，则第 24 行代入左前右后腿计算躯干六维虚拟力，第 25 行执行虚拟力到足底力的最优分配，在这里将力分配问题转换为了 QP 求解，并借助开源库 qpOASES 进行求解，另一组对角腿，即右前左后，则通过腿部虚拟模型方法追踪基于 SLIP 模型的运动轨迹。

下面分析躯干虚拟力构建函数：

```
1.      void VM_trot::TorsoForce(…)
2.      {
3.      vm_factor_feedback[0] = slip->roll;
4.      vm_factor_feedback[1] = KF_pitch.Filter(…, 1, 1);// pitch
5.      vm_factor_feedback[2] = -(front_Leg.z + hind_Leg.z) / 2.0;
6.      vm_factor_desire[0] = 0;
7.      vm_factor_desire[1] = 0;
8.      vm_factor_desire[2] = STAND_HEIGHT / 1000.0;
9.      …
10.     for (int i = 0; i < 3; i++)
11.     {
```

```
12.        error[i] = vm_factor_desire[i]-vm_factor_feedback[i];
13.        FTorque[i]=vm_kp[i]*error[i]+vm_kd[i]*(eror[i]- prerror[i]);
14.        prerror[i] = error[i];//保存上一次误差
15.    }
16.    …
17.    Fx = vm_coefficient_x * (slip->vd[0] - slip->v[0]);
18.    Fy = vm_coefficient_y * (slip->vd[1] - slip->v[1]);
19.    Fz = FTorque[2];
20.    Tx = FTorque[0];
21.    Ty = FTorque[1];
22.    Tz = vm_coefficient_z * (slip->omegad - slip->omega);
23.    }
```

程序中第 3～5 行首先得到当前的横滚角、俯仰角、站立高度；第 6～8 行得到期望的横滚角、俯仰角和站立高度；第 10～15 行基于虚拟弹簧阻尼模型利用期望和反馈数据构建躯干处的虚拟 T_x、T_y 以及 F_z（这三个量的期望值都设定为恒定值，均用统一的虚拟模型处理，所以写在了一起）；第 17、18 和 22 行通过时变的机器人期望速度和实际的反馈速度，根据虚拟弹簧阻尼模型计算 x、y、z 方向牵引力。

下面分析将虚拟力映射到足端的程序，由于该部分程序较长，所以分成多段进行分析：

```
1.    void VM_trot::LegForce(VMSlip* slip, CLeg* fleg, CLeg* hleg)
2.    {
3.      if (fleg->name[0] == 'R') //右前左后是支撑腿
4.      {//力控制需要到达的足端位置坐标
5.        Ffoot[0] = fleg->feedbackPos.x + Body_Length / 1000.0 / 2.0;
6.        Ffoot[1] = fleg->feedbackPos.y - Body_Width / 1000.0 / 2.0;
7.        Ffoot[2] = fleg->feedbackPos.z;
8.        Hfoot[0] = hleg->feedbackPos.x - Body_Length / 1000.0 / 2.0;
9.        Hfoot[1] = hleg->feedbackPos.y + Body_Width / 1000.0 / 2.0;
10.       Hfoot[2] = hleg->feedbackPos.z;
11.     }
12.     else
13.     {
14.       Ffoot[0] = fleg->feedbackPos.x + Body_Length / 1000.0 / 2.0;
15.       Ffoot[1] = fleg->feedbackPos.y + Body_Width / 1000.0 / 2.0;
16.       Ffoot[2] = fleg->feedbackPos.z;
17.       Hfoot[0] = hleg->feedbackPos.x - Body_Length / 1000.0 / 2.0;
18.       Hfoot[1] = hleg->feedbackPos.y - Body_Width / 1000.0 / 2.0;
19.       Hfoot[2] = hleg->feedbackPos.z;
20.     }
21.
22.     double b[6] = { 0 };
23.     b[0] = Fx - Total_Mass * 10 * sin(slip->pitch);
24.     b[1] = Fy;
25.     b[2] = Fz + Total_Mass * 10 * cos(slip->pitch);
26.     b[3] = Tx;
27.     b[4] = Ty;
```

```
28.    b[5] = Tz;
29.    ……
```

第 3 行通过前方的支撑腿名称判断哪一组对角腿处于支撑相；第 5～10 行根据反馈的 Hip 坐标系下的足端位置计算躯干坐标系下的足端位置；第 22～28 行为上面躯干虚拟力计算得到的最后结果，同时在 x 和 z 方向加上了重力的分力影响（原理上 y 方向的重力分量也可以加上，且重力不仅因为俯仰角产生影响还会因为横滚角产生影响，但这里我们假设横滚角很小，因此省略其影响）。

该段程序后面紧跟着的是构建优化问题，然后进行求解：

```
1.     //construct (A*x-b)T*S*(A*x-b)+xT*W*x // Set objective
2.     double S[6] = { 10,10,200,10,10,10 };
3.     double W[6] = { 0.1,0.1,0.1,0.1,0.1,0.1 };
4.     //A matrix
5.     double a[6][6] = { 0 };
6.     a[0][0] = a[1][1] = a[2][2] = 1;//第一个块
7.     a[0][3] = a[1][4] = a[2][5] = 1;
8.     a[3][1] = -Ffoot[2]; a[3][2] = Ffoot[1]; a[4][0] = Ffoot[2];
9.     a[4][2] = -Ffoot[0]; a[5][0] = -Ffoot[1]; a[5][1] = Ffoot[0];
10.    a[3][4] = -Hfoot[2]; a[3][5] = Hfoot[1]; a[4][3] = Hfoot[2];
11.    a[4][5] = -Hfoot[0]; a[5][3] = -Hfoot[1]; a[5][4] = Hfoot[0];
12.
13.    //新建一个 QP 问题实例
14.    qpOASES::QProblem problem_red(6, 10);
15.    //设置无打印信息模式
16.    qpOASES::Options op;
17.    op.printLevel = qpOASES::PL_NONE;
18.    problem_red.setOptions(op);
19.    //权重矩阵，放到 Eigen 中，方便矩阵计算
20.    Eigen::Matrix<float, 6, 6> SS;
21.    SS.setZero();
22.    for (int i = 0; i < 6; i++)
23.      SS(i, i) = S[i];
```

该部分要实现目标函数 $\min f = (Ax - b)^{\mathrm{T}} S(Ax - b) + x^{\mathrm{T}} Wx$ 的构建。第 2、3 行为矩阵 S 和 W；第 6～11 行是式（7.4）中的状态矩阵 A［式（7.11）］；第 14～18 行，构建一个 qpOASES 优化问题，设置打印信息等级以及默认的优化配置参数；第 20～23 行是将权重向量转换为矩阵形式。

$$A = \begin{bmatrix} 1 & 0 & 0 & 1 & 0 & 0 \\ 0 & 1 & 0 & 0 & 1 & 0 \\ 0 & 0 & 1 & 0 & 0 & 1 \\ 0 & -z_F & y_F & 0 & -z_H & y_H \\ z_F & 0 & -x_F & z_H & 0 & -x_H \\ -y_F & x_F & 0 & -y_H & x_H & 0 \end{bmatrix} \tag{7.11}$$

随后将参数写成 Eigen 形式，方便矩阵运算，构建优化函数部分：

```
1.   //A 矩阵放到 Eigen 中，方便矩阵计算
2.   Eigen::Matrix<float, 6, 6> A;
3.   A.setZero();
4.   for (int i = 0; i < 6; i++)
5.    for (int j = 0; j < 6; j++)
6.     A(i, j) = a[i][j];
7.   //b 矩阵放到 Eigen 中，方便矩阵计算
8.   Eigen::Matrix<float, 6, 1> bb;
9.   bb.setZero();
10.  for (int i = 0; i < 6; i++)
11.   bb(i, 0) = b[i];
12.  //按照 qpOASES 计算 H 矩阵
13.  Eigen::Matrix<float, 6, 6> H = A.transpose() * SS * A;
14.  //添加力权重矩阵 W
15.  for (int i = 0; i < 6; i++)
16.   H(i, i) += W[i];
17.  //按照 qpOASES 计算 g 矩阵
18.  Eigen::Matrix<float, 6, 1> g = -2 * A.transpose() * SS * bb;
```

代码中注释已经较为完整，对此不进行赘述。

随后是构建约束矩阵：

```
1.   float  u = 1 / 0.5;
2.   Eigen::Matrix<float, 10, 6> Aconstrain;
3.   Aconstrain.setZero();
4.   Aconstrain(0, 0) = u; Aconstrain(0, 2) = 1;
5.   Aconstrain(1, 0) = -u; Aconstrain(1, 2) = 1;
6.   Aconstrain(2, 1) = u; Aconstrain(2, 2) = 1;
7.   Aconstrain(3, 1) = -u; Aconstrain(3, 2) = 1;
8.   Aconstrain(4, 2) = 1;
9.
10.  Aconstrain(5, 3) = u; Aconstrain(5, 5) = 1;
11.  Aconstrain(6, 3) = -u; Aconstrain(6, 5) = 1;
12.  Aconstrain(7, 4) = u; Aconstrain(7, 5) = 1;
13.  Aconstrain(8, 4) = -u; Aconstrain(8, 5) = 1;
14.  Aconstrain(9, 5) = 1;
```

该部分代码对应优化问题中的约束项，注意其中将 $-\mu f_z < f_x < \mu f_z$ 转换成 $0 < \mu' f_x + f_z <$ inf。其中 $\mu'=1/\mu$；inf 表示很大的数，代码中可以用 999999 表示。

最后是将以上优化问题转录为 qpOASES 标准数据格式：

```
1.   //Eigen 数据转换成 qpOASES 格式
2.   qpOASES::real_t H_red[36];
3.   for (int i = 0; i < 6; i++)
4.    for (int j = 0; j < 6; j++)
5.     H_red[i * 6 + j] = H(i, j);
```

```
6.
7.    qpOASES::real_t g_red[6];
8.    for (int i = 0; i < 6; i++)
9.      g_red[i] = g(i, 0);
10.
11.   qpOASES::real_t A_red[60]; //这个是约束矩阵，qpOASES 中叫作 A
12.   for (int i = 0; i < 10; i++)
13.     for (int j = 0; j < 6; j++)
14.       A_red[i * 6 + j] = Aconstrain(i, j);
15.
16.   qpOASES::real_t lb_red[10]; //上下界限，上界限为 inf
17.   qpOASES::real_t ub_red[10];
18.   for (int i = 0; i < 10; i++)
19.   {
20.     lb_red[i] = 0.0f;
21.     ub_red[i] = 999999.f;
22.   }
23.   lb_red[4] = lb_red[9] = 200; //z 方向最小力值
24.   ub_red[4] = ub_red[9] = 2000;//z 方向最大力值
25.   qpOASES::int_t nWSR = 100;
```

上述代码将矩阵形式数据转为向量形式，这是优化库格式要求。

最后是进行优化求解：

```
1.    LARGE_INTEGER nFreq;
2.    LARGE_INTEGER t1;
3.    LARGE_INTEGER t2;
4.    QueryPerformanceFrequency(&nFreq);
5.
6.    QueryPerformanceCounter(&t1);
7.    int rval = problem_red.init(H_red, g_red, A_red, NULL, NULL, lb_red, ub_red, nWSR);
8.    QueryPerformanceCounter(&t2);
9.    double dt = (t2.QuadPart - t1.QuadPart) /(double)nFreq.QuadPart;
10.   //求解结果
11.   qpOASES::real_t q_red[6];
12.   int rval2 = problem_red.getPrimalSolution(q_red);
13.
14.   if (rval2 != qpOASES::SUCCESSFUL_RETURN)
15.     printf("failed to solve!\n");
16.   //最优足底力
17.   fleg->opt_foot_force = Force(q_red[0], q_red[1], q_red[2]);
18.   hleg->opt_foot_force = Force(q_red[3], q_red[4], q_red[5]);
19.   //关节最优力矩
20.   fleg->expectedtorque=fleg->LegForce2Torque(fleg->opt_foot_force);
21.   hleg->expectedtorque=hleg->LegForce2Torque(hleg->opt_foot_force);
```

其核心代码为第 7 行，进行优化求解；第 12 行得到优化结果；第 17、18 行将得到的足底力封装；第 20、21 行通过雅可比将足底力转换为关节扭矩，从而实现关节伺服。

7.2.3　仿真验证

编译好代码后进行 Webots 仿真，选择 vm_controller，程序中默认前两秒使用位置控制，伺服到期望的构型，然后调用虚拟模型优化算法进行力伺服，通过键盘按键，如表 7.1 和表 7.2 所示进行控制。

表 7.1　方向按键表

按键	功能
W	x 方向控制量增加 $\varDelta$（其中 $\varDelta$ 为定义的参数）
S	x 方向控制量减小 $\varDelta$
A	y 方向控制量增加 $\varDelta$
D	y 方向控制量减小 $\varDelta$
Q	z 方向控制量增加 $\varDelta$
E	z 方向控制量减小 $\varDelta$

表 7.2　功能按键表

按键	功能
Up（键盘上）	步态高度增大 1cm
Down（键盘下）	步态高度减小 1cm
H	步态频率提高 0.1Hz
J	步态频率减小 0.1Hz

程序中前 2s 执行位置控制时，可以更改期望伺服的构型：

```
1.    void CRobot::Robot_Topology()
2.    {
3.     if (topolo_config == ELBOW_TOPOLOGY) // 全肘式
4.     {
5.      for (int i = 0; i < 4; i++) {
6.       leg[i].expectedang.theta[0] = 0;
7.       leg[i].expectedang.theta[1] = -0.6;
8.       leg[i].expectedang.theta[2] = 1.2;
9.      }
10.    }
11.    else if (topolo_config == KNEE_TOPOLOGY) // 全膝式
12.    {
13.     for (int i = 0; i < 4; i++) {
14.      leg[i].expectedang.theta[0] = 0;
15.      leg[i].expectedang.theta[1] = 0.6;
16.      leg[i].expectedang.theta[2] = -1.2;
17.     }
18.    }
19.    else if (topolo_config == F_ELBOW_H_KNEE_TOPOLOGY) // 前肘后膝式
```

```
20.    {
21.      …
22.    }
23.    else if (topolo_config == F_KNEE_H_ELBOW_TOPOLOGY)// 前膝后肘式
24.    {
25.      …
26.    }
27.    }
28.  }
```

即进入仿真后，待机器人稳定站立，2s 后机器人会自动踏步走起来；通过 W/S/A/D 按键可以控制机器人的前后左右运动，Q/E 按键控制机器人的左右转向；默认机器人的步态高度是 15cm，步频是 1.5Hz，通过 Up/Down 和 H/J 按键调整参数，降低步态高度以及提高步频可有效提高稳定性。

上述构型改变就是指定开始时刻的腿部初始构型，以后执行力控也就与构型无关了，但构型与机器人的稳定性还是有很大关系的，这部分留待后面的思考与探索，自行进行仿真尝试。

思考与作业

（1）作业
① 基于上述机器人控制方式，进行如下操作：
- 全向运动控制，操纵机器人在平面地形和 20°以内斜坡地形正常通过。
- 修改 VM 相关参数，尝试让机器人仿真实现 3.5m/s 速度稳定运动。

② 通过 log（日志）形式记录机器人四种不同构型下运动过程中的位姿变化、速度跟随、足底力大小等情况，总结并分析不同构型的优劣效果。

③ 基于上述分析，对比前面章节的 SLIP 控制方法，总结优化方法的优劣。

（2）思考与探索
将仿真中的 SCalf-Ⅲ 机器人模型更换为我们之前章节仿真用的 SDUQuad 模型，自行调参，实现小机器人的稳定运动。

参考文献

[1]　陈腾, 李贻斌, 荣学文. 四足机器人动步态下实时足底力优化方法的设计与验证[J]. 机器人, 2019, 41(3): 307-316.

[2]　Chen T, Li Y B, Rong X W, et al. Design and control of a novel leg-arm multiplexing mobile operational hexapod robot[J]. IEEE Robotics and Automation Letter(RAL), 2022, 7(1): 382-389.

[3]　Zhang G, Rong X, Hui C, et al. Torso motion control and toe trajectory generation of a trotting quadruped robot based on virtual model control[J]. Advanced Robotics, 2015, 30(4): 284-297.

四足机器人模型预测控制

扫码获取配套资源

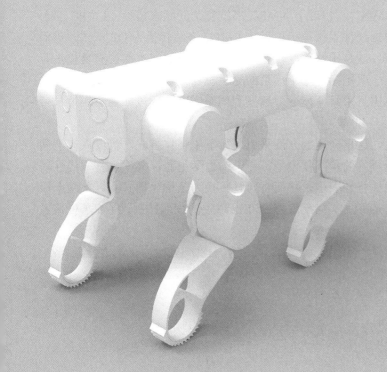

本章介绍基于模型预测的腿足机器人运动控制方法，这是当前综合控制效果很好的一种算法，相比之前的 VM、SLIP 等优化方法，MPC（模型预测控制）方法在复杂地形适应上更有优势。这里介绍的 MPC 是基于 MIT 于 2018 年 IROS 论文开源的方法，虽然这套方法距今已经过去几年了，但仍然算是当前主流方法，尤其是配合后面章节的 WBC 算法，是腿足机器人控制领域的一种重要方法。

下面介绍的 MPC 方法保留原版 MIT 状态机框架和核心运动控制算法，舍弃了 MIT 自己搭建的动力学仿真平台、仿真与控制器间共享内存等繁琐的内容，将精力全部放在机器人算法学习上，比起直接学习 MIT 的论文与阅读代码效率更高，更适合初学者入门。

8.1
四足机器人模型预测控制知识部分

8.1.1 简化机器人动力学建模

机器人的动力学模型是十分复杂、非线性的，而模型预测控制（MPC）由于需要迭代求解最优，所以很耗时，这就是之前 MPC 方法没有真正应用在腿足机器人运动控制上的原因。我们所说的模型预测控制根据模型是线性或者非线性可以区分为 LinearMPC（LMPC）和 NolinearMPC（NMPC），相对于 NMPC 高维复杂的状态模型，LMPC 当前已经有很好的求解方案，且根据线性系统理论可以将 LMPC 方法转换为 QP 形式，进而通过 qpOASES 等开源库求解。这是求解速度快也是最常用的方式，当然也有直接进行 LMPC 求解的库，但求解效率一般不高。基于模型的腿足机器人运动控制器一般需要严格的高频伺服控制周期，而 MPC 求解速度一般远低于伺服周期，所以如何更快地求解出 MPC 是一个核心问题。

为了加快 MPC 求解速度，这里介绍的方法采用了如下策略：首先，机器人模型简化为质心集中于躯干、腿部无质量的单刚体模型，便于动力学更新；其次，将非线性动力学模型进行线性化，构建线性状态表达，从而将问题转换为凸优化形式。以上两个简化可实现 MPC 求解速度在 30ms 以内，搭配底层 500Hz 以上的伺服控制，保障了机器人的稳定运动。

对四足机器人进行简化建模，如图 8.1 所示，建立躯干质心处的简化动力学方程：

$$m\ddot{\boldsymbol{P}}_{\text{com}} = \sum_{i=0}^{i=n} \boldsymbol{F}_i - \boldsymbol{g}$$

$$\frac{\mathrm{d}}{\mathrm{d}t}(\boldsymbol{I}_W\boldsymbol{\omega}) \approx \boldsymbol{I}_W\dot{\boldsymbol{\omega}} = \sum_{i=0}^{i=n}(\boldsymbol{r}_{\text{com}i} \times \boldsymbol{F}_i)$$

（8.1）

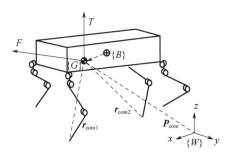

图 8.1 简化四足机器人建模图

其中，m 表示机器人的重量；I_W 表示世界坐标系下机器人的惯性张量；ω 表示世界坐标系下机器人质心处的旋转角速度；$\ddot{P}_{com}$ 表示机器人质心的加速度；F_i 表示和地面接触的足端反作用力；g 表示重力加速度；r_{comi} 表示质心到第 i 个触地足的位置向量，其中 $i=0,1,2,3$，分别表示右前腿、左前腿、右后腿和左后腿。

假设机器人运动过程中横滚角和俯仰角变化不大，即世界坐标系的 z 轴与躯干坐标系的 z 轴平行，躯干的姿态角速度和世界坐标系下的角速度可简化为：

$$\dot{\boldsymbol{\Theta}} \approx \boldsymbol{R}_W^B(\psi)\boldsymbol{\omega} \tag{8.2}$$

其中

$$\boldsymbol{R}_W^B(\psi) = \begin{bmatrix} \cos\psi & \sin\psi & 0 \\ -\sin\psi & \cos\psi & 0 \\ 0 & 0 & 1 \end{bmatrix} \tag{8.3}$$

ψ 为机器人的偏航角。世界坐标系下的惯性张量 I_W 可以通过 $\boldsymbol{R}_W^B(\psi)$ 简化求解为

$$\boldsymbol{I}_W \approx \boldsymbol{R}_W^B(\psi)^{\mathrm{T}} \boldsymbol{I}_B \boldsymbol{R}_W^B(\psi)$$

其中，I_B 为基于躯干坐标系下的惯性张量矩阵，该值可以通过 CAD、SolidWorks 之类的软件直接获得。

8.1.2 状态空间构建

基于上述简化的动力学建模，为描述机器人的运动状态，由世界坐标系下机器人质心的位置 P_{com}、躯干的姿态角 $\boldsymbol{\Theta}$、躯干质心速度 $\dot{P}_{com}$ 和世界坐标系下躯干姿态（质心）角速度 ω 构建机器人的状态空间，即 $x=[P_{com}\ \ \boldsymbol{\Theta}\ \ \dot{P}_{com}\ \ \omega\ \ -g]^{\mathrm{T}}$，其中 g 是重力加速度具体数值，此处取 9.81，则根据式（8.1）～式（8.3）可以得到如下关系：

$$\frac{\mathrm{d}}{\mathrm{d}t}\underbrace{\begin{bmatrix} \boldsymbol{P}_{com} \\ \boldsymbol{\Theta} \\ \dot{\boldsymbol{P}}_{com} \\ \boldsymbol{\omega} \\ -g \end{bmatrix}}_{\dot{x}(t)} = \underbrace{\begin{bmatrix} \boldsymbol{O}_{3\times3} & \boldsymbol{O}_{3\times3} & \boldsymbol{I}_{3\times3} & \boldsymbol{O}_{3\times3} & \boldsymbol{O}_{3\times1} \\ \boldsymbol{O}_{3\times3} & \boldsymbol{O}_{3\times3} & \boldsymbol{O}_{3\times3} & \boldsymbol{R}_z(\psi) & \boldsymbol{O}_{3\times1} \\ \boldsymbol{O}_{3\times3} & \boldsymbol{O}_{3\times3} & \boldsymbol{O}_{3\times3} & \boldsymbol{O}_{3\times3} & \boldsymbol{S}_g \\ \boldsymbol{O}_{3\times3} & \boldsymbol{O}_{3\times3} & \boldsymbol{O}_{3\times3} & \boldsymbol{O}_{3\times3} & \boldsymbol{O}_{3\times1} \\ \boldsymbol{O}_{1\times3} & \boldsymbol{O}_{1\times3} & \boldsymbol{O}_{1\times3} & \boldsymbol{O}_{1\times3} & \boldsymbol{O}_{3\times1} \end{bmatrix}}_{A_c}\underbrace{\begin{bmatrix} \boldsymbol{P}_{com} \\ \boldsymbol{\Theta} \\ \dot{\boldsymbol{P}}_{com} \\ \boldsymbol{\omega} \\ -g \end{bmatrix}}_{x(t)} +$$

$$\underbrace{\begin{bmatrix} \boldsymbol{O}_{3\times3} & \boldsymbol{O}_{3\times3} & \cdots & \boldsymbol{O}_{3\times3} \\ \boldsymbol{O}_{3\times3} & \boldsymbol{O}_{3\times3} & \cdots & \boldsymbol{O}_{3\times3} \\ \dfrac{\boldsymbol{I}_{3\times3}}{m} & \dfrac{\boldsymbol{I}_{3\times3}}{m} & \cdots & \dfrac{\boldsymbol{I}_{3\times3}}{m} \\ \boldsymbol{I}_W^{-1}\boldsymbol{r}_{\mathrm{com1}}\times & \boldsymbol{I}_W^{-1}\boldsymbol{r}_{\mathrm{com2}}\times & \cdots & \boldsymbol{I}_W^{-1}\boldsymbol{r}_{\mathrm{com}n}\times \\ \boldsymbol{O}_{1\times3} & \boldsymbol{O}_{1\times3} & \cdots & \boldsymbol{O}_{1\times3} \end{bmatrix}}_{\boldsymbol{B}_c} \underbrace{\begin{bmatrix} \boldsymbol{F}_1 \\ \boldsymbol{F}_2 \\ \vdots \\ \boldsymbol{F}_n \end{bmatrix}}_{\boldsymbol{u}} \tag{8.4}$$

其中

$$\boldsymbol{S}_{\mathrm{g}} = \begin{bmatrix} 0 & 0 & 1 \end{bmatrix}$$
$$\boldsymbol{r}_{\mathrm{com}i} = \boldsymbol{p}_i + \boldsymbol{\Delta}_{\mathrm{com}} \tag{8.5}$$

$\boldsymbol{p}_i$ 表示第 i 个支撑腿在躯干几何中心坐标系 $\{B\}$ 下的位置向量; $\boldsymbol{\Delta}_{\mathrm{com}}$ 表示实际机器人质心位置相对于几何中心的偏移向量,建模中对于质心位置的偏差可以通过 $\boldsymbol{\Delta}_{\mathrm{com}}$ 来修正; $\boldsymbol{R}_z(\psi)$ 即式(8.2)中的旋转矩阵 $\boldsymbol{R}_W^B(\psi)$ 。

上述线性时变系统在求解过程中需要进行离散化,求解最优的 $\boldsymbol{u}$ 。在求解间隔时间内假设机器人能够保持状态轨迹跟随,将线性时变系统简化成单位时间间隔内的线性时不变系统,离散化过程中使用零阶保持器,以固定时间间隔 Δt 离散化。 $\boldsymbol{A}_c$ 和 $\boldsymbol{B}_c$ 离散化后可表示为:

$$\boldsymbol{A}_{\mathrm{d}} = \mathrm{e}^{\boldsymbol{A}_c\Delta t}$$
$$\boldsymbol{B}_{\mathrm{d}} = \int_0^{\Delta t} \mathrm{e}^{\boldsymbol{A}_c t}\boldsymbol{B}_c \mathrm{d}t \tag{8.6}$$

由于 Δt 很小,为方便计算此处使用近似化离散方法:

$$\boldsymbol{A}_{\mathrm{d}} = \boldsymbol{I} + \Delta t\boldsymbol{A}_c$$
$$\boldsymbol{B}_{\mathrm{d}} = \Delta t\boldsymbol{B}_c \tag{8.7}$$

由此得到离散化后的状态变换形式:

$$\boldsymbol{x}_{k+1} = \underbrace{\begin{bmatrix} \boldsymbol{I}_{3\times3} & \boldsymbol{O}_{3\times3} & \Delta t\boldsymbol{I}_{3\times3} & \boldsymbol{O}_{3\times3} & \boldsymbol{O}_{3\times1} \\ \boldsymbol{O}_{3\times3} & \boldsymbol{I}_{3\times3} & \boldsymbol{O}_{3\times3} & \Delta t\boldsymbol{R}_z(\psi) & \boldsymbol{O}_{3\times1} \\ \boldsymbol{O}_{3\times3} & \boldsymbol{O}_{3\times3} & \boldsymbol{I}_{3\times3} & \boldsymbol{O}_{3\times3} & \Delta t\boldsymbol{S}_{\mathrm{g}} \\ \boldsymbol{O}_{3\times3} & \boldsymbol{O}_{3\times3} & \boldsymbol{O}_{3\times3} & \boldsymbol{I}_{3\times3} & \boldsymbol{O}_{3\times1} \\ \boldsymbol{O}_{1\times3} & \boldsymbol{O}_{1\times3} & \boldsymbol{O}_{1\times3} & \boldsymbol{O}_{1\times3} & \boldsymbol{O}_{3\times1} \end{bmatrix}}_{\boldsymbol{A}_i} \boldsymbol{x}_k +$$

$$\underbrace{\begin{bmatrix} \boldsymbol{O}_{3\times3} & \boldsymbol{O}_{3\times3} & \cdots & \boldsymbol{O}_{3\times3} \\ \boldsymbol{O}_{3\times3} & \boldsymbol{O}_{3\times3} & \cdots & \boldsymbol{O}_{3\times3} \\ \Delta t\dfrac{\boldsymbol{I}_{3\times3}}{m} & \Delta t\dfrac{\boldsymbol{I}_{3\times3}}{m} & \cdots & \Delta t\dfrac{\boldsymbol{I}_{3\times3}}{m} \\ \Delta t\boldsymbol{I}_W^{-1}\boldsymbol{r}_{\mathrm{com1}}\times & \Delta t\boldsymbol{I}_W^{-1}\boldsymbol{r}_{\mathrm{com2}}\times & \cdots & \Delta t\boldsymbol{I}_W^{-1}\boldsymbol{r}_{\mathrm{com}n}\times \\ \boldsymbol{O}_{1\times3} & \boldsymbol{O}_{1\times3} & \cdots & \boldsymbol{O}_{1\times3} \end{bmatrix}}_{\boldsymbol{B}_i} \boldsymbol{u}_k \tag{8.8}$$

8.1.3　模型预测控制器设计

根据设计的机器人状态空间，将机器人运动控制问题转换为设计目标机器人状态空间量，使机器人能够按照目标状态运动。基于当前时刻的状态空间，按照机器人运动速度和位置关系预测未来多个时刻的状态，便可得到一个模型预测的状态轨迹。针对腿足机器人运动特点，以腿的相位状态定义时刻，即一个时刻对应一段时间，在这段时间内腿的相位状态一直处于支撑状态或一直处于摆动状态，该值对应上一小节离散化中的 Δt。假设机器人期望的运动状态表示为 $\boldsymbol{x}_{\text{ref}}$，构建 k 个时刻的模型状态轨迹，$\boldsymbol{x}_{\text{ref}}$ 的初始状态设定为机器人当前的状态，第 i（大于 0）个时刻轨迹为上一个时刻轨迹根据机器人线速度和角速度的更新：

$$\boldsymbol{x}_{\text{ref}(i+1)} = \boldsymbol{x}_{\text{ref}i} + \Delta t [\dot{\boldsymbol{P}}_{\text{com}} \quad \boldsymbol{\omega}_{\text{d}} \quad \boldsymbol{O}_{1\times3} \quad \boldsymbol{O}_{1\times3} \quad \boldsymbol{O}]^{\text{T}} \tag{8.9}$$

正常运动时，机器人躯干期望高度固定，故 $\dot{\boldsymbol{P}}_{\text{com}}$ 只更新 x、y 方向速度，同理躯干的横滚角和俯仰角正常情况下期望为 0，故 $\boldsymbol{\omega}_{\text{d}}$ 只更新 z 方向期望的旋转角速度。通过求解最优的足底力输出 $\boldsymbol{u}$，使机器人能够跟踪构建的 k 维目标状态轨迹，即：

$$\begin{aligned} \min \quad & \boldsymbol{J} = \sum_{i=0}^{k} (\boldsymbol{x}_i - \boldsymbol{x}_{\text{ref}i})^{\text{T}} \boldsymbol{S}_i (\boldsymbol{x}_i - \boldsymbol{x}_{\text{ref}i}) + \boldsymbol{u}_i^{\text{T}} \boldsymbol{W}_i \boldsymbol{u}_i \\ \text{s.t.} \quad & |F_x| \leqslant \mu F_z \\ & |F_y| \leqslant \mu F_z \\ & 0 \leqslant F_z \leqslant F_{z\max} \end{aligned} \tag{8.10}$$

其中，$\boldsymbol{S}$ 和 $\boldsymbol{W}$ 与第 7 章定义相同，都是对角矩阵，分别用来表示状态跟随权重和足底力约束。式（8.10）即要求解的 MPC 优化问题，其最优解即为支撑相的足底反作用力，求解该优化目标要满足式（8.4）的等式约束和足底力最大最小约束，同时满足支撑力在 x、y 方向的摩擦锥不等式约束。

将 k 维度的 MPC 转换成 QP 问题，则：

$$\begin{aligned} \boldsymbol{A}_{\text{qp}} &= \begin{bmatrix} \boldsymbol{A}_{\text{d}} \\ \boldsymbol{A}_{\text{d}}^2 \\ \vdots \\ \boldsymbol{A}_{\text{d}}^k \end{bmatrix}_{13k\times13} \\ \boldsymbol{B}_{\text{qp}} &= \begin{bmatrix} \boldsymbol{B}_{\text{d}} & \boldsymbol{O} & \boldsymbol{O} & \boldsymbol{O} \\ \boldsymbol{A}_{\text{d}}\boldsymbol{B}_{\text{d}} & \boldsymbol{B}_{\text{d}} & \boldsymbol{O} & \boldsymbol{O} \\ \vdots & \vdots & \ddots & \boldsymbol{O} \\ \boldsymbol{A}_{\text{d}}^k\boldsymbol{B}_{\text{d}} & \boldsymbol{A}_{\text{d}}^{k-1}\boldsymbol{B}_{\text{d}} & \cdots & \boldsymbol{B}_{\text{d}} \end{bmatrix}_{13k\times13k} \end{aligned} \tag{8.11}$$

则离散化后求解的优化目标函数成为：

$$\min_{U} \quad \boldsymbol{J} = (\boldsymbol{A}_{\text{qp}}\boldsymbol{x}_0 + \boldsymbol{B}_{\text{qp}}\boldsymbol{u} - \boldsymbol{x}_{\text{ref}})^{\text{T}} \boldsymbol{S} (\boldsymbol{A}_{\text{qp}}\boldsymbol{x}_0 + \boldsymbol{B}_{\text{qp}}\boldsymbol{u} - \boldsymbol{x}_{\text{ref}}) + \boldsymbol{u}^{\text{T}} \boldsymbol{W} \boldsymbol{u} \tag{8.12}$$

其中，x_0 为求解优化问题时刻的机器人状态，该优化问题如前面介绍 VM 优化方法章节中一样使用 qpOASES 开源库求解。

8.1.4 状态估计器设计

上述 MPC 问题中需要得到世界坐标系下机器人的躯干位置 P_{com}、躯干速度 $\dot{P}_{com}$，机器人躯干的状态估计直接影响 MPC 的准确度。四足机器人由于运动过程中点接触、不连续的特点，其状态估计比轮式机器人的里程计问题更加复杂。Michael 等人提出针对四足机器人用扩展卡尔曼滤波方法进行状态估计，该方法成功应用于 StarlETH 机器人，LS3 上也使用扩展卡尔曼滤波方法进行状态估计，但该方法复杂计算量大。本章借鉴 Lin 在六足机器人状态估计上的经验，使用基于机身的 IMU 和支撑腿，通过线性卡尔曼滤波方法估计躯干位置和速度。前面章节分析过，机器人运动过程中躯干的姿态角若能够适应地形变化做出调整，将会提高机器人对非平整地形的适应能力，本章提出使用基于支撑腿高度估计地形的方法来实现躯干对非平整地形的调整。

为描述方便，机器人躯干质心位置向量 P_{com} 用 P_b 表示，速度 $\dot{P}_{com}$ 用 V_b 表示，基于卡尔曼滤波方法，设计状态变量为：机器人躯干的位置 $P_b = [P_{bx} \quad P_{by} \quad P_{bz}]^T \in \mathbb{R}^{3\times1}$，躯干的速度 $V_b = [V_{bx} \quad V_{by} \quad V_{bz}]^T \in \mathbb{R}^{3\times1}$，四条腿的足端位置 $P_i = [P_{ix} \quad P_{iy} \quad P_{iz}]^T \in \mathbb{R}^{12\times1}$，以上均是世界坐标系下的向量。躯干位置是当前位置和速度的积分，即 $P_b(k+1) = P_b(k) + \Delta t V_b(k)$，速度状态的调整通过控制机器人的加速度来实现，即 $V_b(k+1) = V_b(k) + \Delta t a_b(k)$。通过躯干处的 IMU 能够测量躯干的加速度 a_b，该加速度作为模型的输入量可以计算预测的躯干位置和速度，但这个数据因 IMU 的噪声和漂移等会有误差，该噪声通过腿部的观测数据来纠正，上述变量关系表示为：

$$\underbrace{\begin{bmatrix} P_b \\ V_b \\ P_i \end{bmatrix}_{18\times1}}_{\tilde{x}} (k+1) = \underbrace{\begin{bmatrix} I_{3\times3} & \Delta t I_{3\times3} & O \\ O & I_{3\times3} & O \\ O & O & I_{12\times12} \end{bmatrix}}_{A} \underbrace{\begin{bmatrix} P_b \\ V_b \\ P_i \end{bmatrix}_{18\times1}}_{\tilde{x}} k + \underbrace{\begin{bmatrix} O \\ \Delta t I_{3\times3} \\ O \end{bmatrix}}_{B} \underbrace{a_b}_{u} \tag{8.13}$$

状态的测量值为利用关节位置传感器得到的关节数据通过运动学计算出的足端位置和速度，以及躯干的姿态角度。处于支撑相的腿假设足端与地面接触时没有滑动，则躯干的位置、速度为足端的反向位置、速度。基于此通过每条腿可以得到一个躯干的位置、速度和腿的高度的观测值，即 $y = [P_{si} \in \mathbb{R}^{12\times1} \quad V_{si} \in \mathbb{R}^{12\times1} \quad P_{zsi} \in \mathbb{R}^{4\times1}]^T$，状态测量方程可以写为：

$$y_{model} = \underbrace{\begin{bmatrix} R_1 & -I_{12\times12} \\ R_2 & O \\ O & P_t \end{bmatrix}}_{C} \underbrace{\begin{bmatrix} P_b \\ V_b \\ P_i \end{bmatrix}_{18\times1}}_{\tilde{x}} \tag{8.14}$$

其中

$$R_1 = \begin{bmatrix} I_{3\times3} & O_{3\times3} \\ I_{3\times3} & O_{3\times3} \\ I_{3\times3} & O_{3\times3} \\ I_{3\times3} & O_{3\times3} \end{bmatrix}_{12\times6} \quad R_2 = \begin{bmatrix} O_{3\times3} & I_{3\times3} \\ O_{3\times3} & I_{3\times3} \\ O_{3\times3} & I_{3\times3} \\ O_{3\times3} & I_{3\times3} \end{bmatrix}_{12\times6}$$

$$P_t = \begin{bmatrix} R_I & & & \\ & R_I & & \\ & & R_I & \\ & & & R_I \end{bmatrix}_{12\times12} \quad R_I = \begin{bmatrix} 0 & & \\ & 0 & \\ & & 1 \end{bmatrix}_{3\times3} \tag{8.15}$$

假设机器人正常运行时没有足底滑动、磕绊等异常，躯干位置能够通过腿部位置计算得到，即通过 R_1 表示的躯干位置矩阵和 $I_{12\times12}$ 表示的当前四条腿的位置矩阵计算出当前的躯干位置差，P_t 表示可以通过腿部数据观测到的每条腿的高度值。基于摆动腿计算的躯干位置误差很大，为此通过每条腿的触地状态来对不同测量值的观测噪声设置不同值，使得支撑相的腿有更大的信任度。

将上述模型状态方程放入卡尔曼滤波器中估计躯干位置和姿态，标准卡尔曼滤波方程为：

$$\tilde{x}_{\bar{k}} = A\tilde{x}_{k-1} + Bu_{k-1}$$
$$P_{\bar{k}} = AP_{k-1}A^{\mathrm{T}} + Q \tag{8.16}$$

式中，$\tilde{x}_{\bar{k}}$ 为 k 时刻的先验状态估计值；$\tilde{x}_{k-1}$ 为 $k-1$ 时刻的后验状态估计值；$P_{\bar{k}}$ 为 k 时刻的先验估计协方差；P_{k-1} 为 $k-1$ 时刻的后验估计协方差；u_{k-1} 为 $k-1$ 时刻的外部输入；A 为状态转移矩阵；B 为控制输入矩阵；Q 为过程噪声协方差矩阵。

更新方程为：

$$K = \frac{P_k C^{\mathrm{T}}}{CP_k C^{\mathrm{T}} + R}$$
$$\tilde{x}_k = \tilde{x}_{\bar{k}} + K(y - C\tilde{x}_{\bar{k}})$$
$$P_k = (I - KC)P_{\bar{k}} \tag{8.17}$$

其中，P_k 为 k 时刻的后验估计协方差；$\tilde{x}_k$ 为 k 时刻的后验状态估计值；K 为增益矩阵；R 为测量噪声的协方差矩阵；C 为转换矩阵。其中 K 的求解需要求逆，在计算中将占用较多时间，为此将上述标准卡尔曼滤波求解过程转换成 LU 分解，变成线性求解的形式，即将 $K(y - C\tilde{x}_{\bar{k}})$ 转换成：

$$\frac{P_k C^{\mathrm{T}}}{CP_k C^{\mathrm{T}} + R}(y - C\tilde{x}_{\bar{k}}) = \frac{ey}{S} P_k C^{\mathrm{T}} \tag{8.18}$$

其中，$ey = y - y_{\mathrm{model}}$；$S = CP_{k-1}C^{\mathrm{T}} + R$。若求解出 $\dfrac{ey}{S}$ 即可直接运算其结果，假设 $S \times x = ey$，则问题转换成 S 通过 LU 分解求关于 x 的线性方程等于 ey 的形式，其计算速度快，假设其结果为 s_ey，则状态的更新表示为：

$$\tilde{x}_k = \tilde{x}_{\bar{k}} + P_k C^{\mathrm{T}} s\_ey \qquad (8.19)$$

同理协方差 P_k 的更新也使用 LU 分解方法加快求解速度，$P_k = (I - KC)P_{\bar{k}}$ 中 $KC = \dfrac{P_k C^{\mathrm{T}} C}{C P_k C^{\mathrm{T}} + R}$，隔离出 $P_k C^{\mathrm{T}}$，先计算出 $\dfrac{C}{C P_k C^{\mathrm{T}} + R} = s\_c$，也就是求解 $S \times x = C$，假设其结果为 s_c，则协方差更新方程变成：

$$P_k = (I - P_k C^{\mathrm{T}} s\_c) P_{\bar{k}} \qquad (8.20)$$

8.1.5　腿部控制器设计

8.1.5.1　摆动相足端轨迹与控制

摆动腿完成期望抬腿高度并通过落足点位置维持机器人运动速度的稳定，在世界坐标系下的机器人 x、y 方向摆动相落足点设计为：

$$P_{\mathrm{f\_des}} = P_{\mathrm{com}} + V(T_{\mathrm{f}} - t_{\mathrm{f}}) + R_W^B(\psi)^{\mathrm{T}} R_z \Big(\frac{-\omega_z T_{\mathrm{s}}}{2} \Big)\, {}^B P_{\mathrm{hip}} + \frac{V T_{\mathrm{s}}}{2} + k_v(V - V_{\mathrm{d}}) \qquad (8.21)$$

公式右边第一项 P_{com} 表示机器人质心在世界坐标系下的位置，即通过线性卡尔曼滤波计算的躯干位置；第二项为依据当前机器人世界坐标系下速度 V 和摆动剩余时间估计的质心移动位置，其中 T_{f} 和 t_{f} 表示摆动相总时间和已经执行的时间；第三项为机器人实现转向控制时期望的髋关节原点在世界坐标系下的位置，其中 ${}^B P_{\mathrm{hip}}$ 表示髋关节原点在机器人躯干坐标下的位置，ω_z 表示期望的机器人沿着 z 轴的旋转角速度，T_{s} 为支撑相时间，R_z 为沿 z 轴旋转偏航角的旋转矩阵；第四项和第五项为根据 Raibert 提出的倒立摆模型维持目标运动速度的公式，k_v 为速度误差的补偿系数。z 方向摆动腿按照摆动时间前半个周期达到期望抬腿高度，后半个周期摆动到期望站高。

基于上述摆动相位置设计得到世界坐标下的期望摆动腿轨迹，在进行摆动相伺服时转换成每条腿髋关节坐标下的位置，进而通过第 2 章介绍的腿部虚拟模型控制方法完成运动。

8.1.5.2　支撑相控制

根据式（8.12）求解 MPC 得到的最优值对应的支撑腿的地面反作用力，机器人支撑腿的足底力和该反作用力大小相同方向相反，由此得到支撑腿的输出力，进而通过腿部雅可比矩阵转换成关节扭矩，即：

$$\tau_i = J_i^{\mathrm{T}} [-R_W^B(\psi) F_i + k_{\mathrm{djoint}}(\dot{q}_{\mathrm{d}i} - \dot{q}_i)] \qquad (8.22)$$

公式右侧第二项为关节阻尼力，k_{djoint} 为阻尼系数；$\dot{q}_{\mathrm{d}i}$ 表示关节 i 的期望速度，支撑相时期望速度可视为 0；$\dot{q}_i$ 表示关节 i 的实际速度。该阻尼力可防止 MPC 前馈力变化较大造成的抖动，尤其在支撑相和摆动相切换时起到良好的过渡效果。

8.1.6　步态规划与切换

由于在简化动力学建模中输入量为四条腿的支撑力，在求解 MPC 问题中根据每条腿是否为支撑腿来稀疏化求解的 QP 问题。按照该思路设计的控制器原理上可以任意设计每条腿的支撑和摆动状态，即步态可以任意规划，如 Trot 和 Flying Trot 等步态都统一于该控制框架下。但一些不合理的步态，比如支撑相时间过短，无法提供有效支撑力来维持姿态平衡的步态，则无法正常执行。

图 8.2 显示了 5 种常见的四足机器人运动步态相位图，Trot、Flying Trot 和 Bound 为对称步态，Pronk 和 Gallop 步态为非对称步态。任何步态都是通过指定每条腿的相位偏移、支撑相位比例和摆动相位比例来确定，此处相位的间隔时间统一为离散化中的 Δt 。当步态周期确定后，根据机器人当前运行时间可以确定无偏移时的相位，加上每条腿的偏移相位后按照图 8.2 设计的相位规律可查询每条腿的相位状态，上述步态相位统一用 10 个 Δt 表示。

对于非典型步态同样通过相位偏移、支撑和摆动相位比例来设计，例如，设置每条腿的相位偏移为 0，支撑相（相位）比例为 1，则对应站立不动步态。

该控制框架下步态之间的切换本质上是对每条腿的支撑和摆动相位的更新，当期望切换的步态和当前步态下腿的相位差不大时，步态切换可稳定实现，比如从 Trot 切换成 Flying Trot 或者 Walk 步态。当新步态和当前步态下腿的相位差较大时，直接步态切换会由于腿部相位差过大而不稳定。为了实现步态切换过程中的稳定，设计步态切换时留出两个步态周期时间作为步态切换的过渡时间，在过渡时间内当前步态下腿的相位过渡到新步态下腿的相位，然后执行新步态，这种基于固定周期时间的步态切换方法简单且能保证步态切换的稳定。综合上述整体机器人的运动控制，得到框架如图 8.3 所示。

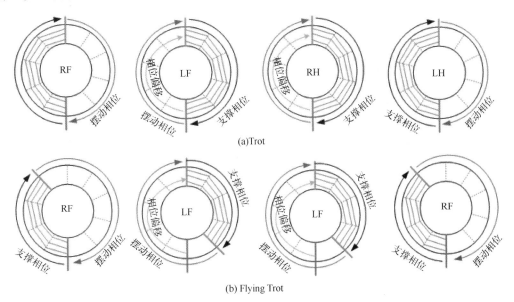

图 8.2

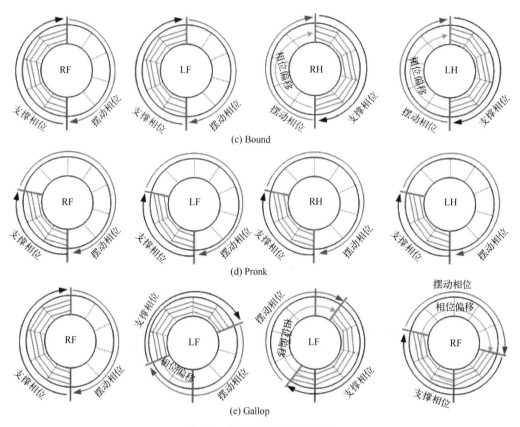

图 8.2　典型步态相位进度图

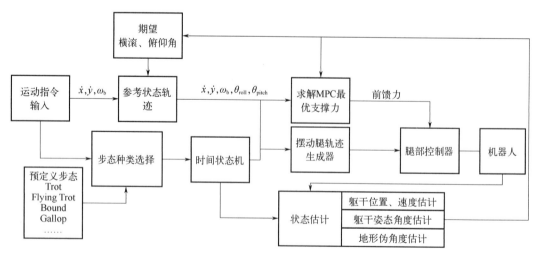

图 8.3　整体控制框架图

θ_{roll}—横滚角；θ_{pitch}—俯仰角

8.2

四足机器人模型预测控制仿真实验部分

本章介绍的控制器为一个 CMake 工程，Webots 在 Ubuntu 系统上的安装很简单，只需要在 git 上下载安装包然后解压就可以直接使用。需要注意的是：在 MakeFile 中会找 Webots 的安装路径，所以在.bashrc 中需要添加 WEBOTS_HOME：

```
export  WEBOTS_HOME=/home/***/Webots
```

然后对工程进行编译：cd 到控制器目录下（有 MakeFile 的路径），通过 make -j 指令完成编译，随后可以直接仿真。

8.2.1　仿真模型构建

如图 8.4 所示，本章使用的机器人仍然为之前的 SDUQuad 系列四足模型，其与 MIT 的 mini-cheetah 尺寸大小、结构配置等基本一致，且具备性能更好的电机执行器。该机器人与之前 VM 优化方法中使用的模型完全一致，对此不再过多介绍。

图 8.4　Webots 仿真模型

8.2.2　代码分析

从主函数开始梳理程序框架：

```
1.   int main() {
2.       srand(time(NULL));
3.       wb_robot_init();
```

```
4.      wb_keyboard_enable(TIME_STEP);
5.
6.      RobotRunner* robotRunner = new RobotRunner();
7.      robotRunner->init();
8.      while (wb_robot_step(TIME_STEP) != -1) {
9.          totaltime += TIME_STEP / 1000.0;
10.         robotRunner->run();
11.     }
12.     wb_robot_cleanup();
13.     return 0;
14. }
```

第 6 行创建了一个 robotRunner，这是管理机器人控制抽象实例，第 7 行对这个 robot-Runner 首先执行初始化，随后在周期无限循环中执行 robotRunner 的 run 函数。从以上可以看出所有控制统一通过 robotRunner 管理。

下面分析 robotRunner，首先看其 init 函数：

```
1.  void RobotRunner::init() {
2.      //机器人的机械结构参数
3.      _quadruped = buildMiniCheetah<float>();
4.       //腿部控制器构建
5.      _legController = new LegController<float>(_quadruped);
6.      //状态估计器构建
7.      _stateEstimator = new StateEstimatorContainer<float>( vectorNavData, _legController->
datas, &_stateEstimate);
8.      //初始化状态估计器，姿态、位置和速度估计器
9.      initializeStateEstimator();
10.
11.     robotType = RobotType::MINI_CHEETAH;
12.     // 传递到 MIT 控制器上
13.     mit_ctrl._quadruped = &_quadruped;
14.     mit_ctrl.legController = _legController;
15.     mit_ctrl._stateEstimator = _stateEstimator;
16.     mit_ctrl._stateEstimate = &_stateEstimate;
17.     mit_ctrl._robotType = robotType;
18.
19.     //这是 MIT 控制器程序的初始化
20.     mit_ctrl.initializeController();
21.     printf("robotRunner::init over!!\n");
22. }
```

第 3 行首先构建机器人模型参数，通过这些参数调用空间刚体动力学（space rigid body dynamic）可以构建机器人的动力学模型；第 5 行构建一个腿部控制器，其实现腿部运动学、动力学、数据更新等所有腿部运动；第 7 行构建一个状态估计器，其原理就是上一节介绍的卡尔曼滤波获得机器人位姿估计；第 9 行初始化所有的估计器，包括腿部接触状态估计、IMU 姿态以及滤波后的躯干位姿信息；第 11~17 行将构建的上述通

用控制器和估计器映射到实际用的机器人控制器上，这里实现的是 mit_controller（即程序中的 mit_ctrl），这里的 mit_controller 是根据 MIT 开源程序简化的控制器，也可以设计一个其他的机器人控制器，比如叫 A_controller，不管哪种控制器，均会用到腿部控制和状态估计，所以这里的 mit_controller 是一个具体的机器人控制器，robotRunner 是管理通用机器人控制器的抽象实例；第 20 行针对这个实际的 mit_controller 执行初始化。这里需要理解核心算法在 mit_controller 上，robotRunner 是一个管理核心控制器的通用控制器，其负责调度所有核心和非核心控制器/估计器协同工作，所谓非核心控制器/估计器就是第 9 行的函数：

```
1.   void RobotRunner::initializeStateEstimator() {
2.     printf("Init StateEstimator \n");
3.     //删除掉所有的估计器
4.     _stateEstimator->removeAllEstimators();
5.     //添加触地状态估计器，给定初始值，添加到估计器列表中
6.     _stateEstimator->addEstimator<ContactEstimator<float>>();
7.      //初始化触地信息
8.     Vec4<float> contactDefault;
9.     contactDefault << 0.5, 0.5, 0.5, 0.5;
10.    _stateEstimator->setContactPhase(contactDefault);
11.    //添加 IMU 的估计器、线性卡尔曼滤波的状态估计器
12.    _stateEstimator->addEstimator<VectorNavOrientationEstimator<float>>();
13.    _stateEstimator->addEstimator<LinearKFPositionVelocityEstimator<float>>();
14.  }
```

程序中第 4 行首先清空了所有估计器列表；第 6 行添加了一个触地状态估计器；第 9~10 行给定了初始状态相位，0.5 表示处于支撑相和摆动相的比例是一样的；第 12 行添加了一个姿态估计器，是通过 IMU 数据获得加速度、角速度以及旋转矩阵信息；第 13 行添加了一个线性卡尔曼滤波的状态估计器，通过腿足位置和 IMU 信息融合出机器人的位置和速度信息。

再来看一下 robotRunner 的无限循环执行内容：

```
1.   void RobotRunner::run() {
2.     static double running_time = 0;
3.     running_time += 0.001;
4.     //所有状态估计器更新
5.     _stateEstimator->run();
6.     //从机器人腿部数据更新
7.     _legController->updateData();
8.     //每次执行都清空目标指令，这样仅会执行本次的指令
9.     _legController->zeroCommand();
10.    _legController->setEnabled(true);
11.    desired_init_time=0.5;
12.    if (running_time<desired_init_time)  //到初始化位置
13.        slowToInitPosition();
14.    else //腿部初始化完成后运行控制器
```

```
15.        mit_ctrl.runController();
16.     //更新指令到腿部控制器去执行
17.     _legController->updateCommand();
18.  }
```

程序中第 5 行首先进行所有估计器的更新，获取最新的机器人足端触地状态、机器人躯干姿态、位置和速度；第 7 行更新腿部状态量，包括关节的位置、速度以及足端位置、力等信息；第 9 行清空腿足所有控制量信息，等待算法更新后装载新的控制指令；第 12 行实现在最开始 0.5s 时间机器人腿部伺服到期望构型；第 15 行为核心算法执行函数，即执行 mit_ctrl 控制器的 runController 函数，在里面实现了基于 MPC 的控制算法；第 17 行通过算法结果更新腿部控制量。其中核心部分为 mit_ctrl 的 runController 函数：

```
1.   void MIT_Controller::runController() {
2.      // Run the Control FSM code
3.      _controlFSM->runFSM();
4.   }
```

里面很简单，就是一个状态机，所有的运动都被统一到状态机中，比如机器人开机后从趴地到站立起来被定义为 recoverStand 状态，机器人通过力平衡站立在原地进行姿态扭动被定义为 balanceStand 状态，机器人进行步态运动定义为 locomotion 状态。本例程中仅保留了 locomotion 状态，进入其 runFSM 函数：

```
1.   void ControlFSM<T>::runFSM() {
2.      //  检测姿态是否正常，如果不正常切换成停止状态
3.      operatingMode = safetyPreCheck();
4.
5.      currentState = statesList.locomotion;
6.      currentState->run();
7.   }
```

状态机运动过程也很简单，第 3 行首先检测机器人当前状态是否安全（正常），所谓安全是我们定义的一些衡量标准，比如姿态角度是否超过一定阈值、关节位置是否在合理范围内等，如果安全的话则进行当前状态的 run()；状态列表中可以有很多种状态，这里第 5 行强制其进行 locomotion 状态，即进行基于 MPC 的步态运动。下面就针对 locomotion 状态进行讲解，需要注意的是每种状态控制的模式都是一样的，即都有 onEnter()，run()，checkTransition()，transition() 和 onExit()。其作用分别为：

① onEnter()：第一次进入这种状态控制时执行的函数，用来获取状态运动的初始量；
② run()：周期执行的函数，所有核心算法都在其中运行；
③ checkTransition()：检查是否要进行状态转换；
④ transition()：进行状态转换；
⑤ onExit()：状态切换时，退出本状态时执行操作。

下面以 locomotion 状态为例介绍 run 函数的内容，在 FSM_State_Locomotion 中 run

函数仅有一行：

```
1.   cMPCOld.run<T>(*this->_data);
```

即执行 MPC 的 run 函数。下面介绍 MPC 的 run 函数。由于本函数很长，所以分段进行讲解：

```
1.   void ConvexMPCLocomotion::run(ControlFSMData<float>& data) {
2.     int button_pressed = wb_joystick_get_pressed_button();
3.     //步态种类
4.     if(button_pressed!=-1)
5.       gaitNumber = button_pressed;
6.     //状态估计器中得到的当前状态数据
7.     auto& seResult = data._stateEstimator->getResult();
8.     //状态指令
9.     auto& stateCommand = data._desiredStateCommand;
10.    //地形估计
11.    Ground_Estimate(data);
12.
13.    //步态种类切换
14.    Gait* gait =&walking; //&galloping;//&pronking;//&walking;// &trotRunning;//
15.    if(gaitNumber == 0)
16.      gait = &trotting;
17.    else ……
18.    else if(gaitNumber == 5)
19.      gait = &trotRunning;
20.
21.     current_gait = gaitNumber;
22. ……
```

第 2 行首先识别是否有手柄按键输入。本仿真中可以像之前章节中使用键盘控制，也可以通过游戏手柄（比如罗技 F710、北通 BD2F 等）控制；第 4~5 行识别并解析出手柄信息；第 7 行获取状态估计器信息；第 9 行得到状态指令的指针；第 11 行执行地形估计；第 14~21 行根据解析的手柄指令进行步态种类切换。下面继续解读后面程序：

```
1.    //机器人的目标速度
2.    Vec3<float> v_des_robot(stateCommand->data.stateDes[6], stateCommand->data.stateDes[7],0);
3.    //世界坐标系下的目标速度
4.    Vec3<float> v_des_world=seResult.rBody.transpose()*v_des_robot;
5.    //世界坐标系下的速度
6.    Vec3<float> v_robot = seResult.vWorld;
7.
8.    //得到基于世界坐标系的足端位置
9.    for(int i = 0; i < 4; i++) {
10.     pFoot[i] = seResult.position + seResult.rBody.transpose() * (data._quadruped->
getHipLocation(i) + data._legController->datas[i].p);}
```

```
11.     if(gait != &standing) {
12.       world_position_desired += TIME_STEP/1000.0 * Vec3<float>(v_des_world[0], v_des_world
[1], 0);
13.     }
```

第 1 行是将控制 x、y 方向速度的指令封装；第 4 行将相对于躯干的速度指令转换为世界坐标系下的期望（目标）速度；第 6 行获得当前实际世界坐标系下速度；第 9～10 行根据当前位置和姿态计算世界坐标系下四条腿的足端位置；第 11～12 行表示如果机器人在进行步态运动，则根据世界坐标系下的速度通过积分得到世界坐标系下的位置。

后面是摆动腿相关代码，我们继续解读：

```
1.     //摆动相的时间
2.     swingTimes[i] = dtMPC * gait->_swing; //0.001×30 ×5 =0.15
3.     float side_sign[4] = {-1, 1, -1, 1};
4.     //设置四条腿的足端轨迹曲线
5.     for(int i = 0; i < 4; i++)
6.     {
7.       if(firstSwing[i])
8.         swingTimeRemaining[i] = swingTimes[i];
9.       else
10.        swingTimeRemaining[i] -= 0.001f;
11.      //步高
12.      footSwingTrajectories[i].setHeight(stateCommand->step_height);
13.      //侧摆和大小腿偏移
14.      Vec3<float> offset(0, side_sign[i] * data._quadruped->_abadLinkLength, 0);
15.      //当前机器人的肩坐标系的位置
16.      Vec3<float> pRobotFrame = (data._quadruped->getHipLocation(i) + offset);
17.      //计算下一次 MPC 需要矫正的 yaw 位置
18.      Vec3<float> pyawCorrected = ......
19.      //该条腿期望的足端位置    当前躯干位置
20.        Vec3<float> Pf = seResult.position +......
21.      //最大摆动位置
22.        float p_rel_max = 0.3f;
23.      //实际要到达的位置
24.        float pfx_rel = seResult.vWorld[0] ......
25.        float pfy_rel = seResult.vWorld[1] ......
26.        ......
27.      //设置摆动轨迹的终点
28.      footSwingTrajectories[i].setFinalPosition(Pf);
29.    }
```

第 2 行设定了四条腿的摆动相时间，其值是由设定的步态相位个数以及每个相位对应的时间（dtMPC）决定的；第 6 行开始是分别对每条腿进行摆动轨迹设计；第 7 行判断是否刚刚结束支撑相，从而在一个步态周期中第一次进入摆动相，如果是的话则设置整个摆动相时间，否则的话摆动相时间递减，以表示摆动相进度；第 12 行设定摆动轨迹的最高点，就是步高；第 14 行计算每条腿髋关节相对于躯干质心坐标系 y 方向的偏移；第 16 行得到髋关节相对躯干坐标系的三维向量；第 18 行是省略的代码，计算 yaw 方向的偏移；第 20 行计算足端位置；第 22~26 行对 x、y 方向的摆动长度进行限幅，防止超过足端工作空间；第 28 行将设计的足端末端位置传递给贝塞尔曲线实例，实现任意时刻轨迹点的查询。

上面进行了摆动相轨迹的设计，下面是支撑相关代码：

```
1.    // 根据迭代次数(时间)计算步态的相位(支撑摆动的哪个阶段)
2.    gait->setIterations(iterationsBetweenMPC, iterationCounter);
3.    iterationCounter++;
4.    Kp << 700, 0, 0,
5.          0, 700, 0,
6.          0, 0, 300;
7.    Kp_stance = 0*Kp;
8.    Kd << 11, 0, 0,
9.          0, 11, 0,
10.         0, 0, 11;
11.   Kd_stance = Kd; //支撑相仍然使用阻尼
12.   //支撑相进度
13.   Vec4<float> contactStates = gait->getContactState();
14.   //摆动相进度
15.   Vec4<float> swingStates = gait->getSwingState();
16.   //根据当前迭代次数确定 MPC 表格
17.   int* mpcTable = gait->mpc_gait();
18.   //到了需要更新 MPC 的时间后，更新 MPC
19.   updateMPCIfNeeded(mpcTable, data);
```

第 2 行传入当前算法迭代次数，即对应的算法执行时间，根据当前时间和步态指定的周期时间，确定步态运动的进程；第 4~11 行设定了一组 PD 参数，这组参数用于摆动相腿部虚拟模型控制，同时其中的第 7 和第 11 行将参数传递给支撑相用，因为支撑相直接为力控，不需要这里根据足端位置计算虚拟力，所以原则上 kp_stance 和 kd_stance 都应该为 0，但这里 kd_stance 不为 0，其作用是增加支撑相腿部的阻尼效果，防止力控扭矩变化剧烈造成腿抖动；第 13 和第 15 行分别提取当前支撑和摆动相的相位，其应该是互补的，比如支撑相为[1,0,1,0]，则摆动相就应该是[0,1,0,1]；第 17 行是根据步态类型计算出未来一段时间内各个腿的相位情况，比如当前四条腿状态为[1,0,1,0]，按照步态频率 0.2s 后切换为[0,1,0,1]，则如果预测 0.3s 时间（即 10 个维度），则 mpcTable={[1,0,1,0]$_1$, [1,0,1,0]$_2$,…,[1,0,1,0]$_6$,[0,1,0,1]$_7$,…,[0,1,0,1]$_{10}$}；第 19 行是求解 MPC 的核心程序，最后会解析这个函数的实现。下面继续解读 ConvexMPCLocomotion 的 run 函数：

```
1.    //对四条腿的控制
2.    for(int foot = 0; foot < 4; foot++)
3.    {
4.      float contactState = contactStates[foot];
5.      float swingState = swingStates[foot];
```

```
6.
7.       //摆动腿控制
8.       if(swingState > 0)
9.       {
10.       ……
11.       }
12.      else //支撑腿控制
13.       {
14.       ……
15.       }
16.     }
17.   }
```

该部分是对四条腿的控制,上面根据步态类型和当前时间抽取了当前四条腿的状态,这里第 8 行得到这条腿的支撑或摆动状态,然后分别执行对应的控制,下面具体看一下支撑和摆动控制:

```
1.      if(swingState > 0) //腿在摆动状态
2.      {
3.       if(firstSwing[foot])
4.       {
5.        firstSwing[foot] = false;
6.        footSwingTrajectories[foot].setInitialPosition(pFoot[foot]);
7.       }
8.        //计算摆动腿轨迹位置、速度、加速度
9.        footSwingTrajectories[foot].computeSwingTrajectoryBezier(*);
10.       //当前位置  这是在世界坐标系下的位置
11.       pFootWorld=footSwingTrajectories[foot].getPosition();
12.       //当前速度
13.       vDesFootWorld = footSwingTrajectories[foot].getVelocity();
14.       //计算得到腿的期望位置
15.       pDesLeg  =  seResult.rBody  *  (pDesFootWorld - seResult.position) -
data._quadruped->getHipLocation(foot);
16.       //计算得到腿的期望速度
17.       vDesLeg=seResult.rBody * (vDesFootWorld - seResult.vWorld);
18.       //传递指令到腿部控制器, 摆动相
19.       data._legController->commands[foot].pDes = pDesLeg;
20.       data._legController->commands[foot].vDes = vDesLeg;
21.       data._legController->commands[foot].kpCartesian = Kp;
22.       data._legController->commands[foot].kdCartesian = Kd;
23.    }
```

第 3 行,首次进入摆动相时进行标志位更新,然后设置最终摆动腿末端位置;第 9 行通过调用贝塞尔曲线函数,得到第 11 行当前位置、第 13 行当前足端速度;上面两行得到的都是世界坐标系下的量,真正进行伺服控制时要转换到机器人髋关节坐标系下,所以第15行和第17行通过旋转矩阵和坐标系间变换得到腿部髋关节坐标系下的控制量,

进而第 19~22 行传递到腿部控制器进行伺服控制。下面继续看支撑相的控制：

```
1.    else // 支撑腿控制
2.    {
3.        //支撑相，每次进入支撑相后摆动相意味着需要重新开始一次
4.        firstSwing[foot] = true;
5.        // 支撑腿位置、速度
6.        pDesFootWorld = footSwingTrajectories[foot].getPosition();
7.        vDesFootWorld = footSwingTrajectories[foot].getVelocity();
8.        pDesLeg = seResult.rBody * (pDesFootWorld - seResult.position) - data._quadruped->
getHipLocation(foot);
9.        vDesLeg = seResult.rBody * (vDesFootWorld - seResult.vWorld);
10.       //传递给腿部控制器
11.       data._legController->commands[foot].pDes = pDesLeg;
12.       data._legController->commands[foot].vDes = vDesLeg;
13.       data._legController->commands[foot].kpCartesian = Kp_stance;
14.       data._legController->commands[foot].kdCartesian = Kd_stance;
15.       //通过 MPC 得到的前馈足底力
16.       data._legController->commands[foot].forceFeedForward=f_ff[foot];
17.       data._legController->commands[foot].kdJoint = Mat3<float>::Identity() * 0.2;
18.   }
```

　　支撑相内容与摆动相十分相似，第 4 行进行标志位更新；第 6~9 行与摆动相一样，用来计算运动轨迹的位置和速度，注意虽然支撑相是力控，与轨迹无关，但这样的轨迹是按照期望进行计算的，可以认为这个支撑相轨迹是衡量力控效果的参考；第 11~14 行更新位置和速度及其参数到腿部控制器；第 16 行更新前馈足端力到腿部控制器，这个前馈足端力就是通过 MPC 求解出来的最优支撑力，后面我们会分析 MPC 求解过程；第 17 行在关节上添加了阻尼以使其不会抖动。下面讲解 MPC 算法中最核心的构建与求解代码：

```
1.    void ConvexMPCLocomotion::updateMPCIfNeeded(int *mpcTable, ControlFSMData<float> &data) {
2.        if((iterationCounter % iterationsBetweenMPC) == 0)
3.        {
4.            auto seResult = data._stateEstimator->getResult();
5.            auto& stateCommand = data._desiredStateCommand;
6.            //状态量 x，质心位置，速度，姿态角速度，姿态角(四元数)
7.            float* p = seResult.position.data();
8.            float* v = seResult.vWorld.data();
9.            float* w = seResult.omegaWorld.data();
10.           float* q = seResult.orientation.data();
11.           float r[12];
12.           //r 的顺序为四条腿的 x，四条腿的 y，四条腿的 z
13.           for(int i = 0; i < 12; i++)
14.             r[i] = pFoot[i%4][i/4] - seResult.position[i/4];
15.           float Q[12] = {0.5,0.5,10,2,2,20, 0, 0, 0.3, 0.2, 0.2, 0.2};
16.           float yaw = seResult.rpy[2];
```

```
17.    float* weights = Q;
18.    //通过检测游戏手柄获取目标速度
19.    v_des_robot(stateCommand->data.stateDes[6], stateCommand->data.stateDes[7],0);
20.    //world 的速度
21.    v_des_world =seResult.rBody.transpose()*v_des_robot;
```

第 2 行判断是否进行一次 MPC 求解，因为 MPC 求解比较耗时，所以并不能每次控制间隔都求解一次，这里按照 30 个控制周期求解一次 MPC；第 4、5 行分别获得当前状态估计器结果和运动控制指令的指针，后面提取其中参数进行状态设计；第 7～10 行提取获得机器人当前位置、速度、角速度和姿态四元数；第 14 行将足端位置封装为一维向量，后面代入优化用；第 15 行为优化用的状态权重矩阵；第 19 行是期望的躯干坐标下机器人运动速度；第 21 行将其转换到世界坐标系下。下面继续分析该函数后续部分：

```
1.     float trajInitial[12] =
2.     {
3.        (float)rpy_comp[0],                    // 0 roll
4.        (float)(rpy_comp[1]+fake_ground_pitch*1.0), // 1 pitch
5.        (float)stateCommand->data.stateDes[5],  // 2 yaw
6.        xStart,                               // 3 comx
7.        yStart,                               // 4 comy
8.        (float)0.3,              // 5 comz
9.        0,                               // 6 droll
10.       0,                               // 7 dpitch
11.       (float)stateCommand->data.stateDes[11], // 8 dyaw
12.       v_des_world[0],                  // 9 vx
13.       v_des_world[1],                  // 10 vy
14.       0                                // 11 vz
15.    };
16.
17.       //根据 MPC 的维度来填充状态
18.       for(int i = 0; i < horizonLength; i++)
19.       {
20.       //初始化填充成所有维度都一样的数据
21.       for(int j = 0; j < 12; j++)
22.         trajAll[12*i+j] = trajInitial[j];
23.        //最开始时 yaw，设置成当前 yaw
24.       if(i == 0)
25.          trajAll[2] = seResult.rpy[2];
26.        else {
27.    trajAll[12*i+2]=trajAll[12*(i-1)+2]+dtMPC*…;
28.    trajAll[12*i+3]=trajAll[12*(i-1)+ 3] + dtMPC * v_des_world[0];
29.    trajAll[12*i+4]=trajAll[12*(i-1)+ 4] + dtMPC * v_des_world[1];
30.       }
31.       }
32.    }
```

第 1~15 行构建一个 12 维的状态轨迹，从上到下分别是：rpy 角度、质心位置、角速度、质心速度；第 18 行开始构建预测 horizonLength 的状态轨迹；第 21、22 行将所有预测轨迹都设置为当前轨迹；第 24~29 行递进形式将后一维度状态设置为前一维度根据 x、y 速度以及转向速度的积分形式。下面是 MPC 求解部分：

```
1.    dtMPC = .001 * iterationsBetweenMPC;
2.    //调整求解 QP 问题的变量大小
3.    setup_problem(dtMPC,horizonLength,0.4,220);
4.    //更新数据格式，以此来求解 MPC 问题
5.    update_problem_data_floats(p,v,q,w,r,yaw,weights,trajAll,alpha,mpcTable);
6.
7.     //计算前馈力，就是 MPC 计算出来的优化的足底力
8.    for(int leg = 0; leg < 4; leg++)
9.    {
10.     Vec3<float> f;
11.     for(int axis = 0; axis < 3; axis++)
12.       //提取 MPC 求解的足底力,对于不是支撑相的腿其前馈力为 0
13.       f[axis] = get_solution(leg*3 + axis);
14.       f_ff[leg] = -seResult.rBody * f; //作为这条腿的前馈力
15.    }
```

第 1 行计算 MPC 更新的时间；第 2 行建立整个 MPC 优化问题；第 5 行代入所有参数进行 MPC 求解；第 8~13 行为提取优化求解结果；第 14 行将世界坐标系下的最优地面作用力转换为机器人腿部髋关节坐标系下的足底力，由于地面作用力与主动输出足底力是大小相等方向相反的，所以有负号。至此整个 MPC 求解完成，其 MPC 求解的完整过程在第 3 行和第 5 行的函数中，其过程十分复杂，涉及内存分配、MPC 转换为 QP、优化变量稀疏化等操作，感兴趣的读者可自行探索该部分内容。

8.2.3 仿真验证

编译好代码后进行 Webots 仿真，程序中默认使用游戏手柄进行控制，如果手头没有游戏手柄，则将 DesiredStateCommand.cpp 中的宏#LOGITECH_GAMEPAD_ENABLE 屏蔽掉，程序中使用键盘控制机器人前后左右运动。需要注意的是键盘控制没有写进行步态切换的功能，留给有兴趣的读者自行完善。

仿真前 0.5s 使用位置控制，伺服到期望的构型，然后调用 MPC 优化算法进行力伺服。默认首先使用 Trot 步态进行运动，可通过键盘或者手柄进行操控。方向按键功能见表 8.1，游戏手柄按键见图 8.5。

表 8.1　方向按键表

按键	功能
W	x 方向控制量增加 $\varDelta$（其中 $\varDelta$ 为定义的）
S	x 方向控制量减小 $\varDelta$
A	y 方向控制量增加 $\varDelta$

按键	功能
D	y 方向控制量减小 $\varDelta$
Q	z 方向控制量增加 $\varDelta$
E	z 方向控制量减小 $\varDelta$

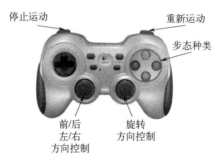

图 8.5　游戏手柄按键图

思考与作业

① 基于上述机器人控制方式，进行如下操作：

● 全向运动控制，操纵机器人在平面地形和 25°以内斜坡地形正常通过。

● 尝试多步态切换运动，探索不同步态的特点。

② 通过 log 形式记录机器人不同步态下运动的足底力大小等情况，总结并分析不同构型、不同步态的优劣效果。

③ 开发一种新的步态运动形式，使得机器人实现 1m/s 以上速度运动。

参考文献

[1] Carlo J D, Wensing P M, Katz B, et al. Dynamic locomotion in the MIT Cheetah 3 through convex model-predictive control[C]//2018 IEEE/RSJ International Conference on Intelligent Robots and Systems (IROS). IEEE, 2018.

[2] Bledt G, Powell M J, Katz B, et al. Mit cheetah 3: Design and control of a robust, dynamic quadruped robot[C]//2018 IEEE/RSJ International Conference on Intelligent Robots and Systems (IROS). IEEE, 2018: 2245-2252.

[3] Kim D, Carlo J D, Katz B, et al. Highly dynamic quadruped locomotion via whole-body impulse control and model predictive control[J]. arXiv preprint arXiv, 2019: 1909.06586.

第 9 章

MPC+WBC运动控制

扫码获取配套资源

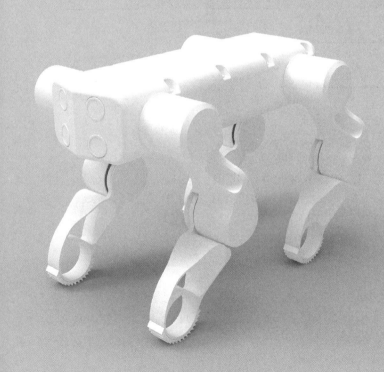

本章在第 8 章 MPC 方法基础上拓展零空间映射（NSP）的 WBC（全身控制）方法，该方法是 MIT 开源的最终版方法，其原理发表在 *Highly Dynamic Quadruped Locomotion via Whole-Body Impulse Control and Model Predictive Control* 中。上一章基于 MPC 的方法中忽略了腿部质量，将机器人简化为躯干质点系的单刚体模型。虽然优化的前馈力对机器人稳定性具有良好的指导作用，但缺少机器人腿部质量、惯量的作用，因模型误差较大，在实际机器人上效果不理想。为此引入 WBC 对该前馈力二次优化，这里的全身运动使用完整的机器人动力学模型，虽然计算量大了很多，但还是能满足 500Hz 的控制频率，而效果上则提升了很大一档次。

9.1

MPC+WBC 运动控制知识部分

第 8 章介绍了 MPC 方法，第 7 章介绍了 VM 方法，以上两种方法都可以得到最优足底力，这里介绍的 WBC 是在最优足底力的基础上再次进行优化，完整的控制框架如图 9.1 所示。

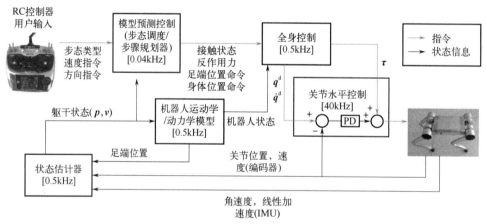

图 9.1　MPC+WBC 整体控制框架

p—机器人躯干位置；v—速度；q^d, $\dot{q}^d$—期望关节位置和速度

9.1.1　WBC 方法

对腿足机器人的躯干、摆动腿、支撑腿等全身运动控制通常用层级任务表示，通过零空间映射方法将动力学模型约束下的各任务按照优先级进行迭代，实现全身协调运动。设 $q = [q_f^T \quad q_j^T]$ 表示整个机器人的配置空间，其中 q_f^T 表示躯干的 6 个自由度，q_j^T 表示

关节的自由度，该自由度个数因腿足机器人构型而变化，对应 Scalf 系列机器人上，双足为 6，四足为 12，六足为 20。机器人的动力学方程可表示为：

$$A\ddot{q} + b + g = S_j^{\mathrm{T}}\boldsymbol{\tau} + J_{\mathrm{int}}^{\mathrm{T}}F_{\mathrm{int}} + J_c^{\mathrm{T}}F_r \tag{9.1}$$

其中，A 表示惯性矩阵；b 表示科氏力和离心力；g 表示重力项；S_j 是选择矩阵，将主动关节的扭矩映射到整个配置空间下的力；J_{int} 是系统内部接触雅可比矩阵；F_{int} 是内力；J_c 是支撑腿的雅可比矩阵；F_r 是支撑力，即通过 VM 和 QP 求解出的前馈力。在介绍 NSP 下的 WBC 时，先引出两个基本规则，即动态连续雅可比的逆和零空间映射矩阵。

动态连续雅可比的逆：

$$\bar{J} = A^{-1}J^{\mathrm{T}}(JA^{-1}J^{\mathrm{T}})^{-1} \tag{9.2}$$

零空间映射矩阵：

$$N = I - \bar{J}J \tag{9.3}$$

基于以上两个矩阵，可以计算一个高优先级任务（Task 1）的零空间 N_1，次优先级任务（Task 2）投影到高优先级任务的零空间，可实现不影响 Task 1 条件下 Task 2 的执行。由此迭代实现 NSP 下的优先级任务规划，基于该思想具有优先级的任务可表示为如下迭代求解过程：

$$\begin{aligned}
\Delta q_i &= \Delta q_{i-1} + \bar{J}_{i|\mathrm{pre}}(e_i - J_i\Delta q_{i-1}) \\
\dot{q}_i^{\mathrm{cmd}} &= \dot{q}_{i-1}^{\mathrm{cmd}} + \bar{J}_{i|\mathrm{pre}}(\dot{X}_i^{\mathrm{des}} - J_i\dot{q}_{i-1}^{\mathrm{cmd}}) \\
\ddot{q}_i^{\mathrm{cmd}} &= \ddot{q}_{i-1}^{\mathrm{cmd}} + \bar{J}_{i|\mathrm{pre}}(\ddot{X}_i^{\mathrm{des}} - \dot{J}_i\dot{q} - J_i\ddot{q}_{i-1}^{\mathrm{cmd}})
\end{aligned} \tag{9.4}$$

其中

$$\begin{aligned}
J_{i|\mathrm{pre}} &= J_i N_{i-1} \\
N_{i-1} &= N_0 N_{1|0} \cdots N_{i-1|i-2} \\
N_0 &= I - \bar{J}_c J_c \\
N_{i|i-1} &= I - \bar{J}_{i|i-1}J_{i|i-1}
\end{aligned} \tag{9.5}$$

Δq_i 表示关节 i 的关节角变化量；$\bar{J}_{i|\mathrm{pre}}$ 表示第 i 个任务雅可比矩阵在先前任务的零空间中的投影的伪逆；e_i 表示任务 i 的位置误差，定义为 $X_i^{\mathrm{des}} - X_i$，X_i^{des} 表示任务 i 的期望状态。

根据以上迭代得到执行具有优先级任务的速度 $\dot{q}_i^{\mathrm{cmd}}$ 和加速度 $\ddot{q}_i^{\mathrm{cmd}}$，多任务下关节位置表示为

$$q_j^{\mathrm{cmd}} = q_j + \Delta q_j \tag{9.6}$$

根据动力学公式［式（9.1）］，当知道目标加速度项后要想求解关节扭矩 $\boldsymbol{\tau}$ 还需要知道地面接触力（支撑力）F_r。F_r 作为一个前馈量可以根据支撑腿相位平均分配，使用通过 MPC 或者 VM 方法计算的结果则效果更好，当然 F_r 作为外力提供了整个机器人的运动，即 F_r 要满足躯干上 6 维的加速度 $\ddot{q}_f^{\mathrm{cmd}}$ 要求。

以上分析可以理解为我们要对 F_r 和 $\ddot{q}_f^{\mathrm{cmd}}$ 进行微调，使它们满足动力学方程中躯干上

的加速度约束。将该问题变换成一个 QP 问题，设定优化变量为 $\boldsymbol{F}_r$ 和 $\ddot{\boldsymbol{q}}_f^{\mathrm{cmd}}$ 的调整量 $\boldsymbol{\delta}_{f_r}$ 和 $\boldsymbol{\delta}_f$，即该问题可描述为：

$$\min_{\boldsymbol{\delta}_f,\boldsymbol{\delta}_{f_r}} [\boldsymbol{\delta}_f \quad \boldsymbol{\delta}_{f_r}]^{\mathrm{T}} \boldsymbol{Q} [\boldsymbol{\delta}_f \quad \boldsymbol{\delta}_{f_r}]$$

s.t.

$$\boldsymbol{S}_f(\boldsymbol{A}\ddot{\boldsymbol{q}} + \boldsymbol{b} + \boldsymbol{g}) = \boldsymbol{S}_f \boldsymbol{J}_c^{\mathrm{T}} \boldsymbol{F}_r$$

$$\ddot{\boldsymbol{q}} = \ddot{\boldsymbol{q}}^{\mathrm{cmd}} + \begin{bmatrix} \boldsymbol{\delta}_f \\ \boldsymbol{O}_{nj} \end{bmatrix} \tag{9.7}$$

$$\boldsymbol{F}_r = \boldsymbol{F}_r^{\mathrm{MPC}} + \boldsymbol{\delta}_{f_r}$$

$$\boldsymbol{W}\boldsymbol{F}_r \geqslant \boldsymbol{O}$$

约束的第一条为躯干上的加速度等式约束，最后一条为支撑腿对应的摩擦锥约束。该 QP 实现 $\boldsymbol{\delta}_{f_r}$ 和 $\boldsymbol{\delta}_f$ 调整量最小情况下满足动力学方程的解，通过该最优解得到最后的加速度 $\ddot{\boldsymbol{q}}$ 和最终的支撑力 $\boldsymbol{F}_r$，可以求解主动关节需要施加的扭矩：

$$\begin{bmatrix} \boldsymbol{\tau}_f \\ \boldsymbol{\tau}_j \end{bmatrix} = \boldsymbol{A}\ddot{\boldsymbol{q}} + \boldsymbol{b} + \boldsymbol{g} - \boldsymbol{J}_c^{\mathrm{T}} \boldsymbol{F}_r \tag{9.8}$$

9.1.2 地形适应策略

地形适应策略主要通过机器人位姿变换实现复杂地形下稳定裕度提升，保证机器人在斜坡、楼梯、凸台等起伏地面通过腿部的调整达到主动悬挂性质。由于四足、六足等多肢体机器人所在地形和足的位置相关，且腿足需要适应地形，因此地形起伏可以通过足端位置进行估计，将地形面描述为：

$$z(x,y) = a_0 + a_1 x + a_2 y \tag{9.9}$$

当有一个足端位置反馈时，$z_1 = a_0 + a_1 x_1 + a_2 y_1$，可知一个方程有 a_0,a_1,a_2 三个未知数，存在多解，再有一个足端位置时：

$$\left. \begin{array}{l} z_1 = a_0 + a_1 x_1 + a_2 y_1 \\ z_2 = a_0 + a_1 x_2 + a_2 y_2 \end{array} \right\} \tag{9.10}$$

此时在两个方程中有 a_0、a_1、a_2 三个未知数，存在多解。可以知道再有一个足端位置则上述方程的三个未知数即可得到确定解，而对四足、六足或者更多足机器人来说有 n（$n>4$）个足，以四足机器人为例，为平衡使用各个足可以构建四个方程并组成如下矩阵：

$$\underbrace{\begin{bmatrix} 1 & x_1 & y_1 \\ 1 & x_2 & y_2 \\ 1 & x_3 & y_3 \\ 1 & x_4 & y_4 \end{bmatrix}}_{W} \underbrace{\begin{bmatrix} a_0 \\ a_1 \\ a_2 \end{bmatrix}}_{X} = \underbrace{\begin{bmatrix} z_1 \\ z_2 \\ z_3 \\ z_4 \end{bmatrix}}_{p^z} \tag{9.11}$$

则此问题就变成一个冗余问题，a_0、a_1、a_2 即求解 $WX = P^z$ 的 X，由于 $W \in \mathbb{R}^{4 \times 3}$ 为不满秩，问题转换为求最优的 X，即 a_0、a_1、a_2，如果 W 为满秩则：

$$X = W^{-1}P^z \tag{9.12}$$

当 W 不满秩时，按照最小二乘方式求解，两边乘以 W^{T} 使之成为方阵：

$$W^{\mathrm{T}}WX = W^{\mathrm{T}}P^z \tag{9.13}$$

此时若满秩可以求 $W^{\mathrm{T}}W$ 的逆：

$$X = (W^{\mathrm{T}}W)^{-1}W^{\mathrm{T}}P^z \tag{9.14}$$

此时若 $W^{\mathrm{T}}W$ 不满秩，则求方阵的伪逆 $(W^{\mathrm{T}}W)^{\dagger}$，即：

$$X = (W^{\mathrm{T}}W)^{\dagger}W^{\mathrm{T}}P^z \tag{9.15}$$

求得地形适应调整量后，需要根据地形调整机器人的躯干位姿，以此提高非平坦地形的稳定性。假设地形函数 $z(x, y) = a_0 + a_1x + a_2y$ 在地形的（x, y）点处对应的斜率表示横滚和俯仰角，则固定 x 点，其在 y 方向的导数为 a_2；固定 y，其在 x 方向的导数为 a_1。采取的地形适应策略为横滚角 θ_r 反向，俯仰角 θ_p 同向，即：

$$\begin{aligned} \theta_r &= -a_2 \\ \theta_p &= a_1 \end{aligned} \tag{9.16}$$

对偏航角不进行地形适应，因为该角度是主动控制的自转角速度的积分量，对其适应会造成机器人航向的无法控制。该地形适应角度对应的旋转矩阵表示为：

$$R_{\mathrm{plane}} = \mathrm{rpyToRot}([-a_2 \quad a_1 \quad 0]) \tag{9.17}$$

其中，rpyToRot 为变化函数，实现将 rpy 角度转换为旋转矩阵功能。

9.2
MPC+WBC 运动控制仿真实验部分

9.2.1　仿真模型

本章仿真仍然在 Ubuntu 系统下进行，且有上一章的 MakeFile 工程升级为 CMake 工程，形式上更加通用，这对学习规范化编程具有很好的铺垫作用。

CMake 工程编译时，首先创建一个 build 文件夹（当然你可以起个其他名字，但一般规范都叫作 build），然后在 build 目录下打开脚本执行 cmake ..。其中两个点表示在 build 文件夹的上一级有 CMakeLists.txt 文件，将会按照该文件指定的规范去编译程序。

自 Ubuntu20 以后更改了系统库文件，所以 Ubuntu16、18 和 20 在包含库文件时有略微的区别，如果编译过程中出现如图 9.2 所示错误，则更新 robot/src/rt/rt_serial.cpp 中的如图 9.3 所示的两行代码即可。

图 9.2　编译报错图

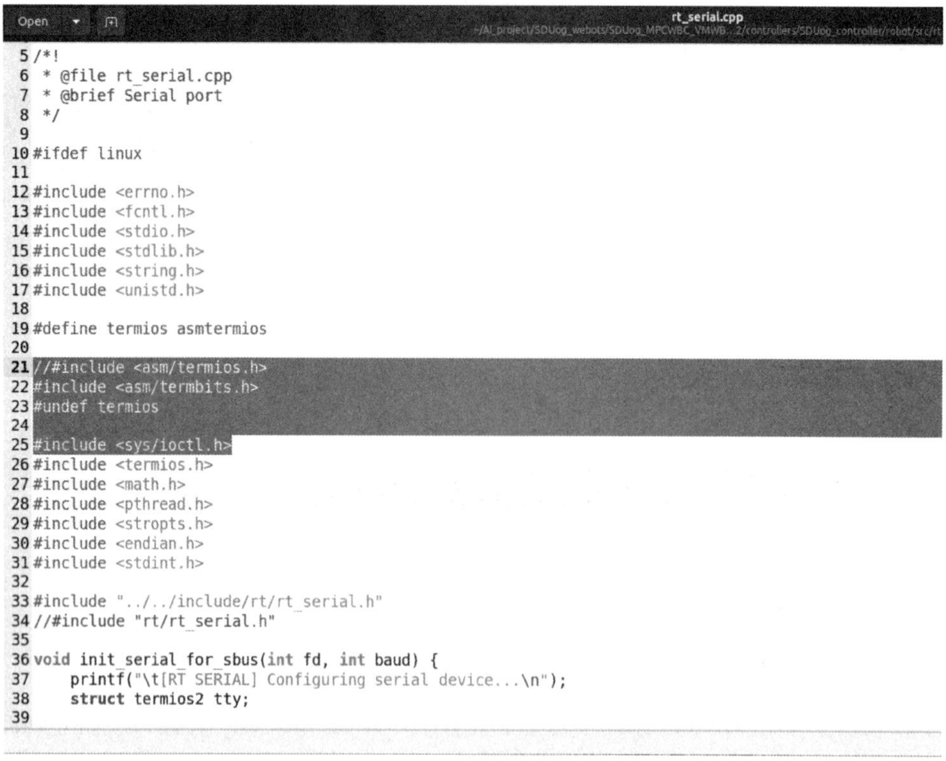

图 9.3　Ubuntu20 系统代码修改图

程序中兼容了 AT9S 遥控器和键盘控制，AT9S 遥控器中的指令如图 9.4 所示。键盘控制指令见表 9.1。

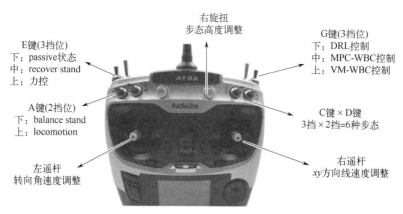

图 9.4　遥控器功能键图

表 9.1　键盘控制指令

按键	功能
W	x 方向控制量增加 $\varDelta$（其中 $\varDelta$ 为定义的）
S	x 方向控制量减小 $\varDelta$
A	y 方向控制量增加 $\varDelta$
D	y 方向控制量减小 $\varDelta$
Q	z 方向控制量增加 $\varDelta$
E	z 方向控制量减小 $\varDelta$
0	passive
1	recover stand
2	balance stand
3	locomotion
UP	步态高度增加 1cm
Down	步态高度减小 1cm

　　程序编译后进行仿真，如果使用键盘控制的话，首先通过键盘按下 0，机器人趴在地上；然后按 1，机器人会站立起来；接着按 2，机器人还是处于站立状态，但此时进入了力控模式；最后按 3，机器人进行步态运动。如果使用 AT9S 遥控器的话，机器人启动程序前首先将 E 键切到下方、A 键切到下方、G 键切到中间挡位；然后开启机器人程序后将 E 键切到中间挡，机器人站立起来；E 键再次切换到上方，机器人进入力平衡状态；A 键切换到上方，机器人进入 locomotion 状态，随后可以通过 C 和 D 键进行步态切换。

9.2.2　程序解析

　　本程序内容不过多进行讲解，在 MPC 程序基础上理解 WBC 虽还有一些难度，但学习到这里，结合 MIT 论文自行理解难度不大。

思考与作业

（1）作业
① 理解 WBC 控制器程序的实现过程。

② 对比前面章节的 SLIP、VM、MPC 控制方法，总结 MPC+WBC 优化方法的优劣。

（2）思考与探索
尝试在当前 WBC 任务列表中加入一种新的控制任务，并根据控制优先级完成 WBC 控制器的求解。

参考文献

[1] Carlo J D, Wensing P M, Katz B, et al. Dynamic locomotion in the MIT Cheetah 3 through convex model-predictive control[C]//2018 IEEE/RSJ International Conference on Intelligent Robots and Systems (IROS). IEEE, 2018.

[2] Chen T, Li Y B, Rong X W, et al.Design and control of a novel leg-arm multiplexing mobile operational hexapod robot[J]. IEEE robotics and automation letter(RAL), 2022, 7(1): 382-389.

第 10 章

基于MPC与视觉感知的巡线

扫码获取配套资源

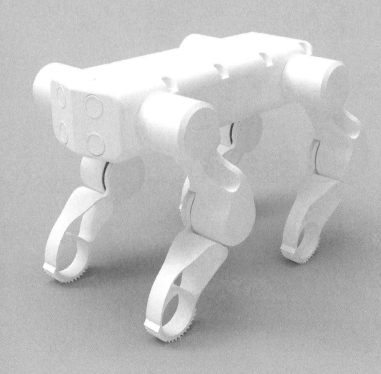

基于前面章节介绍的 SLIP、VM、MPC 以及 WBC 方法，已经可以控制机器人的步态类型、步频、步高以及全向运动速度等，之前速度给定都是通过键盘或者遥控器，机器人不具备自主运动能力。在步态稳定运动控制方法的基础上，本章以一个简单的视觉巡线自主运动为例，开始介绍腿足机器人视觉感知。

10.1
基于 MPC 与视觉感知的巡线知识部分

实现机器人根据视觉感知信息的自主巡线（视觉自主跟随）功能，首先需要获得图像信息，根据相机视觉采集的图像信息进行黑色导航线（黑线）位置提取，然后制定机器人运动速度策略，对应控制框图如图 10.1 所示。

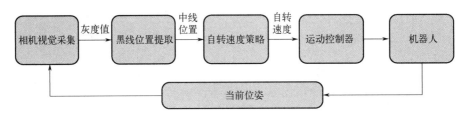

图 10.1　视觉自主跟随控制框图

框图中自转速度策略可以有很多方法，这里提供一种引导性的简单方式，即自转速度设计为 PID 控制中的 P 控制，具体原理可见图 10.2。

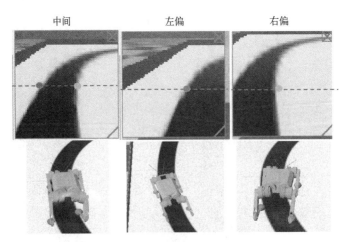

图 10.2　基于赛道边沿检测的自主转向示意图

图 10.2 中根据当前相机视野中黑线偏离中心的误差设计自转角速度，为简单处理，在图像中心线（图中虚线）上提取赛道左右边沿。由于图像中赛道为黑色，其他地方为

白色，所以通过设置 RGB 色彩阈值进行识别，当然也可以将图像二值化后进行处理。当机器人处于赛道中间位置时可以识别出左右赛道边沿（图中深色和浅色点）。对于机器人左偏或者右偏的情况，仅能识别到一个边沿位置，此时可以默认缺失的左/右侧边沿在极限位置，比如按照一幅图像水平方向有 100 个像素点（标号分别为 0、1、2、⋯、99）计算，默认的左右边沿分别在第 0 个和第 99 个像素索引上。获取左右索引后，计算黑线的中心位置，然后计算与图像中心的偏差，这个偏差值为机器人自主运动需要转向的参考量，这里通过一个比例因子折算为实际转向角速度：

$$\omega = k_p (I_{mid} - \frac{I_{left} + I_{right}}{2}) \tag{10.1}$$

其中，I_{left} 表示左边沿索引；I_{right} 表示右边沿索引；I_{mid} 表示图像中心位置索引，例如对于 100 个像素点表示的索引来说，I_{mid}=50。调整式（10.1）中的参数 k_p 得到机器人自主运动的转向角速度（自转速度），对于前进方向速度可以保持一个固定速度，这样即可实现对应的自主巡线功能。

10.2
基于 MPC 与视觉感知的巡线仿真实验部分

10.2.1　视觉传感器构建

Webots 中自带 Camera 传感器，因此很容易为四足机器人添加视觉传感器，如图 10.3 所示。

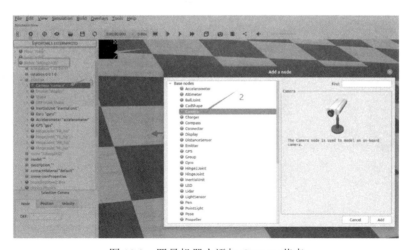

图 10.3　四足机器人添加 Camera 节点

在四足机器人 Robot 的 children 中添加 node，选择 Camera，添加完成后仿真显示画面中同时出现一个相机图像显示的黑框。添加的 Camera 此时默认位置是机器人中心，我们将其移动到躯干前侧 0.24m（大于半个躯干长度的位置），同时在 Camera 的 children 中添加一个小立方体作为相机，此时搭建的模型如图 10.4 所示。

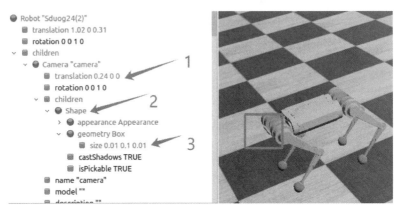

图 10.4　修改 Camera 节点属性

现在仿真界面中显示的 Camera 仅有一个立方体，可以通过 View→Optional Rendering→Show Camera Frustums 将其视角范围显示出来，方便观察和设置相机安置角度，如图 10.5 所示。

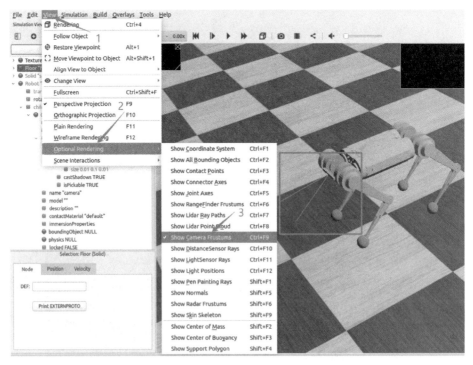

图 10.5　显示 Camera 视角线

此时仿真环境中相机已经搭建完成，可以根据需要检测的环境和场景调整相机的角度和位置，如调整相机角度向下偏移，以获得更广的地面视角，如图 10.6 所示。

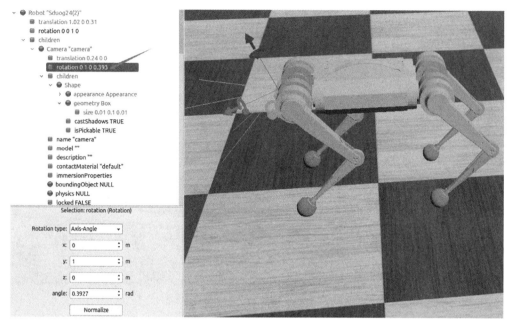

图 10.6　调整 Camera 安装角度

构建完成相机模型后，搭建一个视觉巡线的场景，在 Webots 自带的节点库 PROTO nodes→objects→floors 中选取 RectangleArena，如图 10.7 所示。

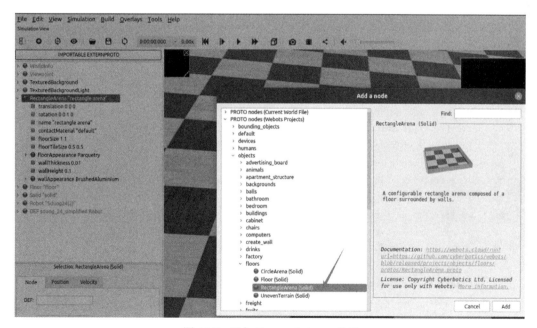

图 10.7　添加 RectangleArena 场景

将地形大小 floorSize 调整为 5×5，表示这是一个 5m 长 5m 宽的地形；floorTileSize 设置为同样尺寸，以实现将图片地形完全填充；在 url 中选择为 oval_line.png，如图 10.8 所示。

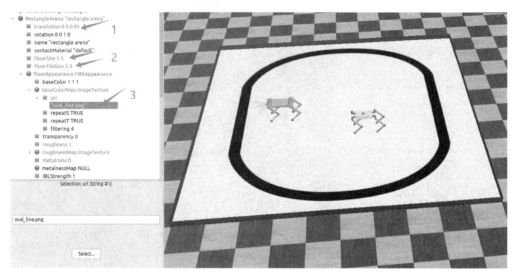

图 10.8　调整地面显示图形

10.2.2　程序解析

本节主要介绍如何在 MPC 步态运动的基础上，实现基于摄像头视觉采集，以及基于视觉信息的机器人自动转向。

为方便对传感器数据集中处理，在工程 commom→src→OrientationEstimatior.cpp 的构造函数中一同进行 Camera 初始化：

```
1.   template <typename T>
2.   VectorNavOrientationEstimator<T>::VectorNavOrientationEstimator()
3.   {
4.     printf("\t[VectorNavOrientationEstimator]:find webots device ");
5.     InerUnit = wb_robot_get_device("inertial unit");
6.     Gyro = wb_robot_get_device("gyro");
7.     Accelerometer = wb_robot_get_device("accelerometer");
8.     Body_gps=wb_robot_get_device("gps");
9.     wb_inertial_unit_enable(InerUnit, TIME_STEP);
10.    wb_gyro_enable(Gyro, TIME_STEP);
11.    wb_gps_enable(Body_gps,TIME_STEP);
12.    wb_accelerometer_enable(Accelerometer, TIME_STEP);
13.    Camera = wb_robot_get_device("camera");
14.    wb_camera_enable(Camera,TIME_STEP*20);
15.    printf("Succeed!\n");
16.  }
```

其中前面 12 行为原有的 IMU、加速度计、陀螺仪等设备的初始化；第 13 行为找到
添加的 Camera 设备；第 14 行对其初始化，这里将其使能时间设置为 TIME_STEP*20 是
为了加快速度，即 20 次控制周期执行一次相机图像刷新，计算机设备条件允许的条件下
建议刷新频率还是设置为 TIME_STEP。在周期执行函数 VectorNavOrientationEstimator
<T>::run()中处理图像数据：

```
1.   static int tttm = 0;
2.   tttm++;
3.   if (tttm % 20 == 0) {
4.   const unsigned char *imag = wb_camera_get_image(Camera);
5.   int width = wb_camera_get_width(Camera);
6.   int height = wb_camera_get_height(Camera);
7.   int gray_vall[100] = {0};
8.   int start_flag = 0, end_flag = width;
9.   for (int x = 0; x < width; x++) {
10.  gray_vall[x]=wb_camera_image_get_gray(imag,width,x,height / 2);
11.  }
12.  for (int index = 1; index < width; index++) {
13.  if(gray_vall[index]<20||gray_vall[index- 1]-gray_vall[index]>40)
14.    start_flag = index;
15.  else if(gray_vall[index]<20||gray_vall[index+1]-gray_vall[index]>40)
16.    end_flag = index;
17.  }
18.  omega_circle = (start_flag + end_flag) / 2 - width / 2;
19.  }
```

前两行定义了一个静态变量，每个周期加 1 实现计数。第 3 行每统计 20 次（和前面
初始化刷新频率对应）进行一次视觉图像数据采集和处理。第 4 行采集一帧图像信息。
第 5、6 行分别获得图像的宽度和高度。第 7 行定义一个数组用来存放采集的图像数据，
这里给出的是一种简单的巡线方案，即获取一帧图像的中间一行灰度信息，所以这里定
义了一维数组。第 9~11 行获取这帧图像中的中间行灰度值。第 12~17 行对这行数据进
行分析，因为地面上除了黑色的导航线外其他均为白色（纯白色的灰度值为 255），因此
可以进行如下简单的逻辑判断：从左向右的灰度值中，如果第 i 个灰度较小（这里设置
为 20），并且第 $i-1$ 个较大（这里定义为第 $i-1$ 个数据与第 i 个数据作差大于 40），则
可认定 i 为黑色导航线的左侧起点索引位置。第 15 行是相同原理计算的右侧索引。第
18 行通过获取的黑色导航线左右索引计算在当前相机视野中偏离中心位置的大小
（偏移量）。后面就是根据这个偏移量计算机器人旋转的角速度，比如用比例控制，指
令为 w=kp*omega_circle，通过调整合理的 k_p 值计算出机器人期望的自转角速度。将
如图 10.9 所示的指令直接赋值给期望速度，替代之前的遥控器或者键盘指令，即可实
现机器人根据视觉信息的自动巡线。

```
/**
*通过手柄能控制的状态参数，转换成命令，让机器人来执行
*/
template <typename T>
void DesiredStateCommand<T>::convertToStateCommands() {

    getUserDesiredCommands();
    data.zero();
    // Forward linear velocity 摇杆前进方向速度
    data.stateDes(6) = vdx;//
    // Lateral linear velocity 侧向运动速度
    data.stateDes(7) = vdy;//
    // VErtical linear velocity 竖直方向速度0
    data.stateDes(8) = 0.0;
    // X position  com位置，在现在估计的位置基础上加上当前速度的积分
    data.stateDes(0) = stateEstimate->position(0) + dt * data.stateDes(6);
    // Y position
    data.stateDes(1) = stateEstimate->position(1) + dt * data.stateDes(7);
    // Z position height //此处应该被覆盖了，不起作用
    data.stateDes(2) = 0.5;//0.45;
    // Roll rate
    data.stateDes(9) = 0.0;
    // Pitch rate
    data.stateDes(10) = 0.0;
    // Yaw turn rate
    data.stateDes(11) =  -omega_circle *0.1;;//
    // Roll
    data.stateDes(3) = 0.0;
    // Pitch
    data.stateDes(4) = forward_pitch;////0.25+
    // Yaw
    data.stateDes(5) = stateEstimate->rpy(2) + dt * data.stateDes(11);

}
```

图 10.9　自动巡线指令

思考与作业

在提供的基于 MPC 控制或者 SLIP 模型控制的机器人上添加相机，使用本章介绍的方法或者自己提出的方法，实现机器人自主巡线，并通过 GPS 记录并绘制机器人躯干运动轨迹。

第 11 章

基于GPU并行训练的强化学习

扫码获取配套资源

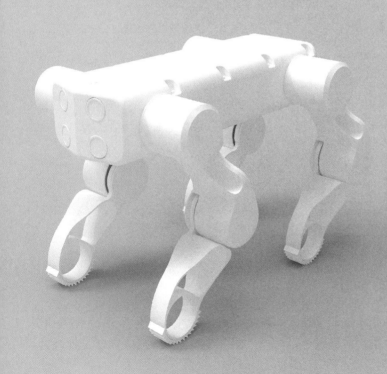

传统的控制算法主要是基于简化或完整的动力学模型实现腿足机器人运动，然而此类算法需要对机器人运动学和动力学精确地建模分析，设计高动态运动需要大量的专业知识和繁琐的手动调参，并且由于环境复杂多变，人工设计并不能覆盖所有情况，必须针对不同的情况设计不同的控制模块。深度强化学习方法通过智能体与环境交互，进行不断试错学习，在腿足机器人运动控制问题中，无需对机器人进行精准建模即可使机器人主动适应各种环境，避免了复杂的调参与控制器设计过程。

本章针对双足、四足、六足等 2N 腿足机器人设计通用的神经网络模型，通过 PPO（近端策略优化）算法采用多次小批量更新的方式，在样本复杂性、部署便捷性和壁垒时间之间取得有利的平衡，通过 GPU（图形处理单元）端并行强化学习训练实现机器人鲁棒运动能力。然后设计 CPU（中央处理器）端前向神经网络模型，将训练得到的网络参数迁移应用于物理样机中，实现仿真训练到物理样机部署的高效无缝迁移。

11.1
基于 GPU 并行训练的强化学习知识部分

11.1.1　强化学习基本理论

11.1.1.1　强化学习基本定义

强化学习（图 11.1）中一个机器人视为智能体（agent），其在当前状态（state）下通过某种策略方法（policy）采取一定动作（action）来与环境（environment）进行交互，环境会对 agent 实施的 action 做出一个奖励值（reward），并且当前状态转换为下一个新状态。强化学习的目标就是获得一种好的动作方法 π 使得获取的累计奖励值最大。

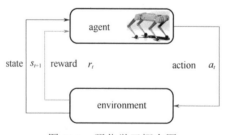

图 11.1　强化学习概念图

针对腿足机器人来说，智能体就是去训练的双足、四足、六足等机器人；状态一般用机器人本体状态信息和历史暂存信息表示，比如机器人姿态、角速度、关节位置及其记录的历史信息等；reward 是用来奖励或者惩罚机器人动作的评价函数，比如我们奖励机器人按照期望的速度运动、达到期望的抬腿高度等，而惩罚关节输出扭矩过大、关节速度过快等高能耗动作，抑或是机器人摔倒、腿互相碰撞等影响稳定性状态，这些奖惩是通过动力学环境反馈获得；环境针对智能体的动作进行状态变换，智能体根据新的状态做出新的动作，如此循环下去直至到达最大运动步数或者因指定的条件而提前结束。

策略 π 输出的可以是某种动作的概率，也可以是一种确定的动作，前者称为随机策略（stochastic policy），后者叫作确定策略（deterministic policy）。状态 S 经过 action 后成为 S' 的过程叫作状态转移或状态转换（state transition），一般用条件概率密度函数表示为 $p(s'|s,a) = p(S'=s'|S=s,A=a)$，即在状态 s 下执行动作 a 后进入新状态 s' 的概率（可以有多种状态转换），其中小写表示实际量，大写为表征状态量，状态转移表示为 $S' = p(\cdot|s,a)$。

强化学习具有随机特性，其来源于两者：其一来源于动作 action 的非确定性，表示为 $A \sim \pi(\cdot|s)$；其二是状态转换的非确定性，表示为 $S' \sim p(\cdot|s,a)$。强化学习中智能体从第一步到最后一步状态转换过程描述如图 11.2 所示。

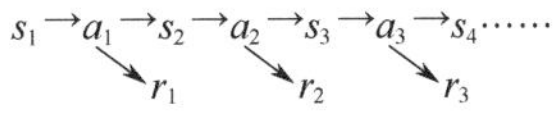

$$s_1 \rightarrow a_1 \rightarrow s_2 \rightarrow a_2 \rightarrow s_3 \rightarrow a_3 \rightarrow s_4 \cdots\cdots$$
$$\searrow r_1 \qquad \searrow r_2 \qquad \searrow r_3$$

图 11.2 强化学习中状态转换示意图

这一系列叫作轨迹（trajectory），表示为：$s_1\ a_1\ r_1\ s_2\ a_2\ r_2\ s_3\ a_3\ r_3\ \cdots s_n\ a_n\ r_n$。一个好的策略就是引导 agent 获得累计 reward 最大化：

$$\sum_{t=1}^{n} \lambda^{t-1} r_t \tag{11.1}$$

其中，λ 为折扣因子。

return 定义为累积未来奖励 reward：

$$U_t = R_t + R_{t+1} + R_{t+2} + \cdots \tag{11.2}$$

常用带有折扣的 return，即折扣回报：

$$U_t = R_t + \gamma R_{t+1} + \gamma^2 R_{t+2} + \gamma^3 R_{t+3} + \cdots \tag{11.3}$$

其中，γ 为折扣因子。

这些量都是未来的量，在 t 时刻是无法获取的，只有在完成这个回合的训练后才能得到，即在 game 的最后可以获得 u_t，同时得到所有的 reward：$r_t, r_{t+1}, \cdots, r_n$，然后我们可以获得折扣 return：

$$u_t = r_t + \gamma r_{t+1} + \gamma^2 r_{t+2} + \gamma^3 r_{t+3} + \cdots \tag{11.4}$$

关于 reward、return 的观测值和随机变量与当前时刻的关系表示如图 11.3 所示。

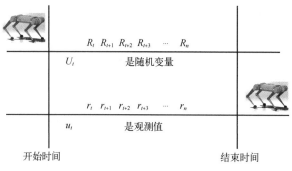

图 11.3　强化学习中 reward 和 return 关系图

11.1.1.2　马尔可夫决策过程

强化学习通常可以描述为马尔可夫决策过程（MDPs），由状态 S 的集合、动作 A 的集合、状态转移函数 $p(s_{t+1}|s_t,a_t)$、奖励函数 $R(s_t,a_t,s_{t+1})$ 与折扣因子 γ 组成，其中折扣因子越小，越注重即时奖励，反之则越注重长时奖励。如果 MDPs 是片段式的，即从初始状态出发，终止状态结束，则这个片段可以表示为状态 S、动作 A 和奖励函数 R 的顺序集合，即：$\{s_0,a_0,r_0,s_1,a_1,r_1,s_2,\cdots,s_{n-1},a_{n-1},r_{n-1}\}$。整个过程可以具体表述为：智能体在时间 t 处于状态 s，根据策略 π（状态到动作的概率分布的映射）选取动作 a，与环境交互产生即时奖励 r，并以转移概率 p 到达下一个状态。MDPs 在解决问题时，要求所求解问题必须满足马尔可夫性质，即环境反馈的下一状态 s_{t+1} 仅取决于当前状态 s_t 和当前执行的动作 a_t，与之前的动作和状态无关。

11.1.1.3　价值函数介绍

价值函数（value function）有两种：一种是动作值函数（action-value funcion）$Q_\pi(s,a)$ 其表示在策略 π 下根据状态 s 做出动作 a 的好坏程度；另一种是状态值函数（state-value function）$V_\pi(s)$，其表示状态 s 的好坏程度，由其定义可见 $V_\pi(s)$ 是由 $Q_\pi(s,a)$ 中最优的动作带来的最好状态，当然这遵循相同的策略 π。状态值函 $Q_\pi(s_t,a_t)$ 定义为 t 时刻 U_t 的期望值：

$$Q_\pi(s_t,a_t)=E[U_t\,|\,S_t=s_t,A_t=a_t] \tag{11.5}$$

其中，E 表示求期望，是对折扣 return 的期望值，表示在状态 s 下使用动作 a 带来的期望值。虽然 U_t 依赖于 $S_t,S_{t+1},\cdots,S_n$ 和动作 $A_t,A_{t+1},\cdots,A_n$，但求期望的 $Q_\pi(s_t,a_t)$ 仅依赖于 s_t,a_t,π,p，即 $Q_\pi(s_t,a_t)$ 与 $S_t,S_{t+1},\cdots,S_n$ 和 $A_t,A_{t+1},\cdots,A_n$ 无关，因为求期望过程中消除了未来状态：

$$
\begin{aligned}
U_t &= R_t + \gamma R_{t+1} + \gamma^2 R_{t+2} + \gamma^3 R_{t+3} + \cdots \\
&= R_t + \gamma(R_{t+1} + \gamma R_{t+2} + \gamma^2 R_{t+3} + \cdots) \\
&= R_t + \gamma U_{t+1}
\end{aligned} \tag{11.6}
$$

即 U_t 可写为迭代方式，t 时刻的折扣回报只和当前 R_t 及之后状态有关。状态值函数

$V_\pi(s)$ 是对动作值函数 $Q_\pi(s,a)$ 所有的 action 求期望：

$$V_\pi(s_t) = E_A[Q_\pi(s_t, A_t)] \tag{11.7}$$

其中，action $A \sim \pi(\cdot | s_t)$，则 $V_\pi(s_t)$ 针对离散和连续动作计算如下：

$$V_\pi(s_t) = E_A[Q_\pi(s_t, A_t)] = \sum_a \pi(a | s_t) \times Q_\pi(s_t, a) \quad \text{（离散）}$$
$$V_\pi(s_t) = E_A[Q_\pi(s_t, A_t)] = \int \pi(a | s_t) \times Q_\pi(s_t, a) \mathrm{d}a \quad \text{（连续）} \tag{11.8}$$

对于两种 value function 的理解：动作值函数 $Q_\pi(s_t, a_t) = E[U_t | S_t = s_t, A_t = a_t]$ 是给定策略 π，智能体在当前状态 s 下采用 a 的好坏评价；状态值函数 $V_\pi(s_t) = E_A[Q_\pi(s_t, A_t)]$ 是对于给定的策略 π，在当前状态下不管你用何种 action 所能达到的最好情况。进一步说，如果对所有的状态 S 求取期望：$E_S[V_\pi(S)]$ 评估了策略 π 的好坏程度。

由于智能体在状态 s 下，使用最优策略 π 获取的累计奖励，必等于智能体在状态 s 下，先执行最优动作 a，再使用最优策略 π 获取的累计奖励，因此可以得到状态值函数 $V_\pi(s)$ 和动作值函数 $Q_\pi(s,a)$ 的贝尔曼方程。

$$V_\pi(s) = E_\pi[r_{t+1} + \gamma V_\pi(S_{t+1}) | S_t = s] \tag{11.9}$$

$$Q_\pi(s,a) = E_\pi[r_{t+1} + \gamma Q_\pi(S_{t+1}, A_{t+1}) | S_t = s, A_t = a] \tag{11.10}$$

上述情况是在已知策略的前提下，根据价值函数评价策略好坏，而有时在策略未知时，需要寻找最优策略。最优值函数代表马尔可夫决策过程的最优性能，包括最优的 $V_\pi(s)$ 和 $Q_\pi(s,a)$：

$$V^*(s) = \max_\pi V_\pi(s) \quad \forall s \in S \tag{11.11}$$

$$Q^*(s,a) = \max_\pi Q_\pi(s,a) \quad \forall s \in S, \forall a \in A \tag{11.12}$$

当存在一个策略 π，要好于或等于其他所有策略，则该策略为最优策略，所有的最优策略都能实现最优的状态值函数 $V_\pi^*(s)$ 或动作值函数 $Q_\pi^*(s,a)$：

$$V_\pi^*(s) = V^*(s) \tag{11.13}$$

$$Q_\pi^*(s,a) = Q^*(s,a) \tag{11.14}$$

11.1.1.4　深度强化学习

小规模离散形式的强化学习一般使用表格形式表示价值函数，对大规模训练表格会随状态和动作的维度增加而扩大，导致占用内存的上升，学习速度变慢。要解决大维度的强化学习问题，如图像状态、机器人控制和围棋等，通常采取函数近似的方法来估计价值函数或策略，而神经网络是一种很好的函数近似器。深度强化学习（deep reinforcement learning，DRL）是一种将深度学习和强化学习相结合的学习方法。DRL 利用了深度学习强大的感知能力，能够从高维状态感知到更多的信息，将深度学习对状态的感知结果直接作用于强化学习的决策过程中，避免了传统强化学习高维状态转换过程中可能存在的信息丢失。DRL 比传统学习方法具有更优越的学习性能。

11.1.2　共性神经网络训练框架简介

本节介绍一种适用于双足、四足、六足等腿足机器人的统一强化学习训练框架，该框架遵循了"强化训练-仿真测试-动力学迁移仿真验证-样机部署"的顺序，比起常规的Sim-to-Real加入了Sim-to-Sim环节，可以有效保证训练部署迁移的保真度，具体框架如图11.4所示。

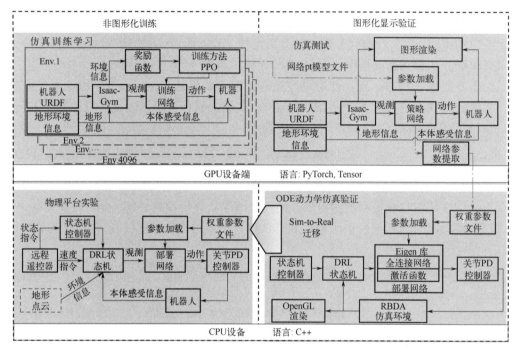

图 11.4　强化学习训练与部署总框架

本框架大体分成四个步骤：①在 GPU 上通过 Isaac Gym 训练模型。②通过图形界面显示判别机器人运动状态是否满足期望，对满足期望的模型将训练获取的网络模型文件转换为参数文本文件。③在 CPU 上通过 Eigen 库重构前向网络模型，将训练得到的控制器重构为 FSM（有限状态机）中的一种运动模式，通过 RBDA（rigid body dynamic algrothem，刚体动力学）模型仿真验证。④移植动力学仿真验证过的网络到物理样机上。下面进行步骤详解：

① 首先搭建腿足机器人模型，以全连接的多层感知（MLP）网络和 lrelu 激活函数构建训练网络，代入 MLP 的观测状态（obs.）包括机器人本体感受信息及其历史值，具体包括：躯干姿态、躯干角速度、关节位置、关节速度、网络输出动作、上次输出动作、上上次输出动作、关节位置误差、上次关节位置误差、上上次关节位置误差、机体坐标系下足端位置以及期望运动指令。奖励函数（rew.）包括状态跟随、能量优化、抬腿高度等，通过 PPO 算法对网络参数进行训练。在 Isaac Gym 强化学习环境中，基于 GPU 的并行训练方法，设置 4096 个机器人同时训练，大约 10min 可以得到四足机器人平坦

地形下收敛，而复杂地形用时 20min 左右。

② 训练时为保持 GPU 高速并行运算，无法做到实时查看机器人运动效果，训练过程中通过保存网络权重信息，可在训练完成后进行网络重建与参数加载实现训练效果的图形显示。显示机器人运动过程时和训练相同，可以并行显示多个机器人，每个机器人运动指令随机采样，方便查看机器人各方向运动跟随效果。对于满足我们需要的运动，通过网络参数重生成器，将 PyTorch 保存的网络文件生成 weight 和 bias 配对的 txt 文件，方便在 C++工程中读取。

③ 强化学习网络在部署到实际机器人上时需要将网络模型用 C++重构，或者通过如 LCM（轻量级通信与数据封送库）的通信方式将机器人本体信息传递给 PyTorch 网络模型，再将网络输出通过 LCM 传递到机器人本体上进行控制，但这种通信方式带宽延迟无法保证周期实时性。这里我们首先用 Eigen 实现 MLP 前向传递网络模型和激活函数，将整个网络用 C++语言重构，将这个强化学习控制框架作为状态机中的一个状态来实现，代入由空间关节刚体动力学方法 RBDA 构建的仿真环境中，测试这种控制器与基于模型控制的 baseline 是否统一。

④ 通过 RBDA 仿真无误后的模型直接迁移到物理样机上进行测试，部署中除了基本的控制器文件，需要发送网络权重文件到机器人控制器，在机器人开机自启动或者手动启动的初始阶段读取网络模型参数，从而实现样机上网络模型重构。

下面将从模型搭建、奖惩函数设计、Sim-to-Real 等相关内容，详细地介绍上述共性神经网络模型训练与部署方法。

11.1.3　基于 PPO 的腿足机器人训练方法

11.1.3.1　近端策略优化算法

深度强化学习算法可以分为基于模型的算法和无模型的算法，其中无模型的深度强化学习算法使用广泛，是一种可以让智能体从零开始学习并最终获取到一定能力的方法。在目前的深度强化学习算法中，PPO 是效果表现较好、训练效率较高的算法，同时其也是 OpenAI 等研究机构进行强化学习的默认算法。因此本节在该算法的基础上，对腿足机器人的运动规划问题进行分析和研究。

PPO 是在策略梯度（policy gradient）算法和置信域策略优化（trust region policy optimization）算法的基础上改进而来的，其优势是对于高维空间和连续控制的问题有较好的表现，并且实现起来更为方便，其基本原理是解决策略梯度问题中学习速率或更新步长不确定的问题。在传统的策略梯度问题中，如果步长太大，可能导致学到的策略一直保持较大的变化，而不会收敛；如果步长太小，则训练时间可能将非常长。而近端策略优化算法利用新策略 π_θ 与旧策略 $\pi_{\theta\text{old}}$ 之间的比值，限制了新策略的更新幅度，并使策略梯度对稍大的步长不太敏感。

策略梯度方法通过计算策略梯度的估计量并结合随机梯度上升算法来实现。策略梯度的参数更新方式为：

$$\theta_{\text{new}} = \theta_{\text{old}} + \alpha \nabla_\theta J \tag{11.15}$$

其中，θ_{new} 和 θ_{old} 为新旧参数；α 为学习速率；∇_θ 为 J 的梯度；J 为优化目标，是状态 s 在未来回报的期望值，可以表示为：

$$J(\theta) = E_t[\hat{A}_t \lg \pi_\theta(a_t \mid s_t)] \tag{11.16}$$

式中，π_θ 是参数化的随机策略；$\hat{A}_t$ 是时间步长 t 上优势函数（advantage function）的估计量，其值等于状态价值函数 $V_{\pi\psi}(s_t)$ 目标值与估计值的差值，即：

$$\hat{A}_t = -V_{\pi\psi}(s_t) + r_{t+1} + \gamma V_{\pi\psi}(s_{t+1}) \tag{11.17}$$

但是策略梯度算法存在难以确定步长的问题，当更新步长选择不合适时，更新的参数反而会更差。因此产生了 PPO 算法，通过将新旧策略网络的动作输出概率的变化范围限制到 $[1-\varepsilon, 1+\varepsilon]$ 来限制其更新速率。若记：

$$r_t(\theta) = \frac{\pi_\theta(a_t|s_t)}{\pi_{\theta_{\text{old}}}(a_t|s_t)} \tag{11.18}$$

则选取的优化目标 J 更改为：

$$J(\theta) = E_t(\min\{r_t(\theta)\hat{A}_t, \text{clip}[r_t(\theta), 1-\varepsilon, 1+\varepsilon]\hat{A}_t\}) \tag{11.19}$$

其中，clip 是一种用于限制数据值在指定范围内的函数。当优势函数 $\hat{A}_t$ 大于零时，$r_t(\theta)\hat{A}_t$ 为正值，$J(\theta)$ 为单调不减函数，当 $r_t(\theta)$ 小于 $1+\varepsilon$ 时，min 函数线性递增，当 $r_t(\theta)$ 大于 $1+\varepsilon$ 时，min 函数恒取最大值 $(1+\varepsilon)r_t(\theta)\hat{A}_t$。当优势函数 $\hat{A}_t$ 小于零时，$r_t(\theta)\hat{A}_t$ 为负值，$J(\theta)$ 为单调不增函数，当 $r_t(\theta)$ 大于 $1-\varepsilon$ 时，min 函数线性递减，当 $r_t(\theta)$ 小于 $1-\varepsilon$ 时，min 函数恒取最大值 $(1-\varepsilon)r_t(\theta)\hat{A}_t$。

11.1.3.2　网络结构设计

本小节主要是设计一种神经网络框架，保证腿足机器人能够跟随目标指令在平面或崎岖地形上进行全方位移动。该框架包含三个不同的神经网络：Estimator，Critic，Actor，如图 11.5 所示。Estimator 为监督学习网络，将机器人本体的观测值作为输入，输出机器人的状态变量，即足端高度、躯干线速度、足端接触概率。这些状态变量结合机器人本体观测值一同作为 Critic 和 Actor 网络的输入。Critic 网络基于当前状态输出对价值进行估计，这将在训练过程中保证 Actor 网络始终是基于当前价值最优的原则去更新动作。Actor 网络输出动作作为关节角度的变化量，叠加上机器人的初始关节角度，经过关节 PD 控制器得到关节扭矩以此进行伺服完成控制。

Estimator 网络在训练方式上与另外两个网络不同，其采用监督学习的方式进行训练，以减少估计的机器人状态与目标状态之间的 MSE（均方误差）。Critic 和 Actor 网络使用 PPO 算法进行更新参数。这三个神经网络结构设计为多层感知（MLP）网络，Estimator 网络结构为[256×128]，Critic 与 Actor 网络结构为[512×256×64]。

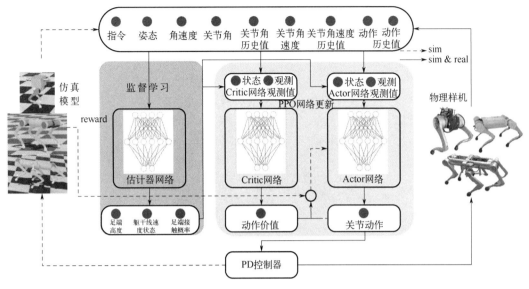

图 11.5　强化学习训练网络

11.1.3.3　状态空间定义

机器人的状态空间 Observations（观测值）应该选择为真实机器人能够准确获取并与任务密切相关的值，经过综合考虑，观测值被定义为如下所示：

$$\text{Observations} = [\text{cmd}, \varphi, \omega, q, q_{\text{e}}, q_{\text{e,hist}}, \dot{q}, \dot{q}_{\text{e}}, \dot{q}_{\text{e,hist}}, \Delta q^{\text{des}}, \Delta q^{\text{des}}_{\text{hist}}] \qquad (11.20)$$

其中，cmd 表示遥控器指令，即 x、y 方向线速度以及偏航角速度；φ 和 ω 表示欧拉角与角速度；q、q_{e} 与 $q_{\text{e,hist}}$ 表示关节角度、关节角度误差与历史关节角度误差；$\dot{q}$、$\dot{q}_{\text{e}}$ 和 $\dot{q}_{\text{e,hist}}$ 表示关节速度、关节速度误差与历史关节速度误差；Δq^{des} 和 $\Delta q^{\text{des}}_{\text{hist}}$ 表示 Actor 网络的输出与历史 Actor 网络的输出。式中所有的历史值均取 $t-1$ 与 $t-2$ 时刻的数据。同时，为了保证网络学习的稳健与速度，这里对观测值进行了归一化处理，使每个种类观测值数量级一致，其中速度的缩放系数为 0.05，角速度的缩放系数为 0.25，其余均为 1。

估计器用来估计线速度、足端高度与接触概率。传统的控制算法中将 IMU 的数据与接触时足端的速度融合，通常使用卡尔曼滤波算法来估计线速度。由于学习算法中没有准确的接触时间表，此算法将不适用于此。机器人实际的线速度对于跟随期望指令十分重要，因此我们通过估计器来估计当前时刻的线速度。此外，机器人的抬腿高度在仿真与样机迁移的转换中至关重要。如果抬腿高度太低，足端与地面产生摩擦，对运动的稳定性产生很大的影响。我们通过一系列奖励函数来鼓励抬腿，但通过实践发现，仅仅通过奖励无法让机器人学到足够的抬腿高度。因此我们通过估计器估计当前时刻的足端高度与接触概率，将此状态送入决策网络，结合奖励能够有效地改善这种缺点。

11.1.3.4　动作空间定义

我们将动作空间设计为腿足机器人所有关节的角度偏移量，而没有考虑关节力矩，是因为角度与力矩导致任务的平滑度不同，经过试验发现角度更能够使网络找到较好的策略。再者，训练四足机器人时的初始状态是站立状态，如果选用力矩控制器会导致轨迹中总是出现跌倒现象，对训练的性能产生影响。同样我们对 Actor 网络的输出也做了对应的缩放处理，缩放系数为 0.5，因此期望的关节角度可以表述为：

$$q^{\text{des}} = q_{\text{init}} + \Delta q^{\text{des}} \times \sigma_q \tag{11.21}$$

其中，q^{des} 与 q_{init} 分别表示期望的关节角度与初始关节角度；σ_q 表示 Actor 网络的输出的缩放系数。

此外，关节的扭矩是通过 PD 控制器求解，其中 k_p 设为 20，k_d 设为 0.5。力矩的计算公式如下：

$$\tau^{\text{des}} = k_p(q^{\text{des}} - q^{\text{f}}) + k_d(0 - \dot{q}^{\text{f}}) \tag{11.22}$$

其中，τ^{des} 表示期望的关节扭矩，该值直接作用于驱动器中；q^{f} 与 $\dot{q}^{\text{f}}$ 分别表示实际的关节角度与关节速度。

11.1.3.5　奖励函数构造

奖励函数的选取对于训练过程十分重要，其目标是保证机器人能够遵循期望指令以及在运动的过程中动作更加自然、平滑。我们创建的奖励函数及其系数如表 11.1 所示。其中前两项是使机器人遵循期望指令，其余项则保证机器人运动得更加自然与平滑。

表 11.1　奖励函数

奖励函数	表达式	系数
Linear_velocity	$\phi(v_{xy}^{\text{des}} - v_{xy})$	$2.0\delta t$
Angular_velocity$_z$	$\phi(\omega_z^{\text{des}} - \omega_z)$	$1.0\delta t$
Airtime	$\sum_{f=0}^{4}(t_{\text{air,f}} - 0.3)$	$1.5\delta t$
Joint_position	$\phi(-\parallel q - q_{\text{init}} \parallel^2)$	$0.35\delta t$
Linear_vibration	$\parallel v_z \parallel^2$	$-2.0\delta t$
Angular_vibration	$\parallel \omega_{x,y} \parallel^2$	$-0.05\delta t$
Base_height	$\parallel h_{\text{base}}^{\text{des}} - h_{\text{base}} \parallel^2$	$-2.0\delta t$
Orientation	$\parallel \varphi_{x,y} \parallel^2$	$-5.5\delta t$
Joint_speed	$\parallel \dot{q}_t \parallel^2$	$-1\times 10^{-4}\delta t$
Joint_torques	$\parallel \tau \parallel^2$	$-2\times 10^{-4}\delta t$
Joint_acceleration	$\parallel \dot{q}_t - \dot{q}_{t-1} \parallel^2$	$-2.5\times 10^{-7}\delta t$
Action_rate	$\parallel q_t^{\text{des}} - q_{t-1}^{\text{des}} \parallel^2$	$-0.01\delta t$
Collision	$n_{\text{collision}}$	$-1.0\delta t$

续表

奖励函数	表达式	系数
Stand_still	$\begin{cases} 若 \| v_{xy}^{des} \|^2 < 0.15, \| q - q_{init} \| \\ 其他,0 \end{cases}$	$-1.0\delta t$
Joint_positon_limits	$n_{limitup} + n_{limitdown}$	$-10.0\delta t$

表中，线速度与角速度的跟随奖励（第 1 行和第 2 行）被设计用来鼓励机器人的实际速度接近期望速度。$\phi(x) = \mathrm{e}^{-\frac{\|x\|^2}{0.25}}$，$v_{xy}^{des}$ 和 v_{xy} 分别表示 x、y 坐标下的期望线速度和实际线速度，ω_z^{des} 和 ω_z 分别表示期望偏航角速度与实际偏航角速度。Airtime 奖励被设计用来鼓励每条腿的飞行时间越大越好，通过这种机制来让机器人步长迈大，减少支撑相与摆动相的切换频率。$t_{air,f}$ 表示每条腿在空中的飞行时间。Joint_position 奖励被设计用来鼓励腿的运动空间越接近初始位置越好。Orientation 奖励被设计用来惩罚运动时的俯仰角与横滚角，Linear_vibration 与 Angular_vibration 奖励被设计用来惩罚机器人在 z 方向的线速度与俯仰、横滚角速度，这样能够增加机器人运动的稳定性。Joint_speed、Joint_torques、Joint_acceleration 与 Action_rate 分别被设计用来惩罚运动时过大的关节速度、力矩、加速度与动作速率，让运动更加平滑、自然。Base_height 奖励被用来激励机器人运动时的身高趋近于设定的躯干高度，h_{base}^{des} 表示期望的躯干高度，h_{base} 表示实际的躯干高度。Stand_still 奖励被设计用来激励机器人站立时姿态趋近于初始姿态。Collision 与 Joint_positon_limits 奖励被设计用来惩罚运动时机器人与地面不必要的接触以及关节的越限行为。$n_{collision}$ 表示机器人与地面碰撞项的数量，这里定义的碰撞项包括小腿关节与大腿关节。$n_{limitup}$ 表示关节触及上限的数量，对应的 $n_{limitdown}$ 表示关节触及下限的数量。训练中总的奖励等于上述所有奖励函数的总和，我们将总奖励为负的值赋为零，便于让机器人快速地找到策略。

11.1.3.6　地形设置方法

为了使机器人能够很好地适应现实生活中的各种复杂地形，我们在训练环境中添加了碎石、土坑、斜坡等地形，如图 11.6 所示。图 11.6（a）通过在地形中生成随机值的高度场来模拟碎石、沙丘等路况；图 11.6（b）通过在平地周围产生斜率为正的斜面来模拟斜坡路况；图 11.6（c）通过在平地周围产生斜率为负的斜面来模拟土坑路况。融合三

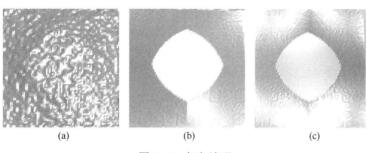

(a)　　　　　　　　　　(b)　　　　　　　　　　(c)

图 11.6　复杂地形

种不同的地形生成混杂地形环境，且在训练过程中根据机器人的运动性能逐渐调大非平坦地形的崎岖度，实现更好的地形适应。

11.1.3.7 训练加速机制

在训练过程中，为了保证机器人能够持续、多样性地学习，必须设置相应的重置机制。我们假设有两种情况会触发重置操作：机器人基座也就是躯干触地与 episode 超时（episode 指强化学习中智能体与环境之间的交互序列）。机器人在基座触地时必须进行响应重置，这样才能够让其继续学习新的轨迹。若假设 episode 无限长，机器人在训练中指令随机化样本少，则网络模型泛化性低，因此我们采取 episode 为 20s 对应的长度。

除此之外，游戏启发的课程式学习（game-inspired curriculum learning）早已被证明对于机器人学习复杂的运动策略有很大的益处。我们设计了一种启发式算法，在机器人每次重置后依据算法更新线速度指令的随机化范围，如下所示：

$$linvel_{x,y}^{\text{des}} = \begin{cases} linvel_{x,y}^{\text{des}} - 0.1, \text{若平均} linvel \geq 0.8 \times linvel_{x,y}^{\text{des}} \\ linvel_{x,y}^{\text{des}} + 0.1, \text{若平均} linvel < 0.8 \times linvel_{x,y}^{\text{des}} \end{cases} \tag{11.23}$$

式中，$linvel_{x,y}^{\text{des}}$ 表示期望的线速度边界；$linvel$ 表示线速度。依据此启发式算法，每次重置的机器人会自动根据当前情况调节线速度指令的范围。

同样对机器人所处的环境逐渐增加难度，在环境中设置 3 行 6 列的复杂地形块。其中行代表图 11.6 展示的不同地形类型，列代表地形的难度，体现在随机高度场的范围以及斜坡的斜率。机器人刚开始仿真前大都处于第 1～2 列中，如果在一个 episode 中机器人的移动范围达到所处地形范围的一半，则下次初始化中将机器人的初始位置增加一个地形难度；如果在一个 episode 中机器人的移动距离小于预定义的距离的一半，那么下次初始化中将机器人的初始位置减小一个地形难度。

11.1.3.8 Sim-to-Sim

在 Isaac Gym 中训练的结果再通过 Isaac Gym 自身的动力学引擎进行仿真时往往效果都很好，但到物理样机上时存在很大差异。这一方面是因为模型不准确；另一方面可能是训练过程中策略方法探索到动力学仿真引擎的不完善地方，利用这些不完善的力交互学的策略肯定效果不好。为了验证训练策略的迁移泛化能力，我们首先将 Isaac Gym 的策略导出到 Webots 中进行仿真，相当于利用另一种动力学引擎测试，客观上不同的动力学引擎肯定在碰撞属性、交互力处理等方面存在差异。将策略从 NVIDIA 的 PhysX 物理引擎迁移到 ODE 引擎，如果运动效果依然很好，那说明策略的鲁棒性和泛化性得到双重验证，一般迁移到物理样机会有较好的效果；如果迁移到 ODE 引擎后运动效果不好，那就需要重新调整训练策略或者参数，使得训练出更好的策略后再去物理样机部署。这种 Sim-to-Sim 的方法可以高效率地验证强化学习效果，且能够有效避免物理样机运动异常导致的损失。

11.1.3.9 Sim-to-Real

在仿真中训练完成的模型最终要移植到机器人中进行验证，其中存在的最大问题就是仿真与现实不一致导致模型判断失误。我们从三个方面修正仿真与实际之间的差异：

首先是准确建立机器人的 URDF 文件，正确测量机器人基座、关节与连杆的质量、转动惯量等参数。URDF 文件若差异较大，仿真与实际的机器人模型不匹配，会对模型的部署造成严重的影响。

其次是在仿真中通过间隔固定时间对机器人施加异常速度扰动来模拟现实生活中对机器人的各种人为或环境因素的干扰，我们将间隔时间设置为 5s。

最后也是最重要的一点，在仿真中对机器人的观测数据与参数施加动态噪声随机量。若在训练过程中没有添加动态噪声随机量，机器人会由于模型差异等原因在部署完仿真模型以后表现出抖动的现象。首先，仿真中的 observations 不具备现实世界的各种噪声，我们依次为 q、$\dot{q}$、q_c、$\dot{q}_e$、φ、ω 添加范围为（−0.05，0.05）、（−0.5，0.5）、（−0.02，0.02）、（−0.5，0.5）、（−0.05，0.05）、（−0.2，0.2）的随机噪声。其次，为了使电机能够适应其模型，为电机刚度与阻尼添加范围为（−2.0，2.0）与（−0.5，0.5）的随机噪声。最后，将仿真中的场地摩擦力设置为（0.5，1.1）之间的随机数，以模拟机器人能够在现实世界中适应不同粗糙面的地形。

11.2
基于 GPU 并行训练的强化学习仿真实验部分

11.2.1 环境配置

首先注册并下载 Isaac Gym: https://developer.nvidia.com/isaac-gym/download。当前 Isaac Gym 发布的最新版本是 Preview 4 版本，该版本相比 Preview 3 版本稳定很多，所以推荐大家使用最新版本。英伟达后续会将 Isaac Gym 融合到 Isaac Lab 中，但 Isaac Gym 仍支持使用，这里还是以 Isaac Gym 为例进行配置使用，需要注意的是 Isaac Gym 对硬件的要求还是比较高的：

- 需要 Ubuntu18 或者 Ubuntu20(推荐)系统。
- python3.6~python3.8(Ubuntu20 自带)。
- NVIDIA 显卡驱动 470.74 以上，对应 GPU 至少 6G。
- 内存至少 8G。

虽然训练过程中主要用 GPU，但数据传递/写文件等主要还是看 CPU 性能，推荐使用英特尔的 CPU(其与 NVIDIA 的 GPU 兼容性更好，AMD 的 CPU 配合 NVIDIA 的 GPU 速度会慢很多)。满足以上性能的笔记本如联想拯救者系列(RTX3060 以上显卡)。

下载 Isaac Gym 安装包后，解压到任意位置，里面有 docs 文件夹，在浏览器中打开 index.html 按照 installation 说明安装，如图 11.7 所示。

Install in an existing Python environment

In the `python` subdirectory, run:

```
pip install -e .
```

This will install the `isaacgym` package and all of its dependencies in the active Python environment. If your have more than one Python environment where you want to use Gym, you will need to run this command in each of them. To verify the details of the installed package, run:

```
pip show isaacgym
```

图 11.7　安装说明

推荐安装 Isaac Gym 的 RL 环境典例(虽然我们不用，但对于刚开始学习 RL 的新手是很好的 demo)并进行测试，如图 11.8 所示。

Install Example RL Environments

We provide example reinforcement learning environments that can be trained with Isaac Gym. For more details, please visit https://github.com/NVIDIA-Omniverse/IsaacGymEnvs and follow the setup instructions in the README.

Simply clone the IsaacGymEnvs repository and run:

```
pip install -e .
```

Testing the installation

Simple example

To test the installation, you can run the examples from the `python/examples` subdirectory, like this:

```
python joint_monkey.py
```

图 11.8　安装 RL 环境典例并测试

下面安装 legged_gym，这是 ETH 开源的一个腿足机器人强化学习框架，该框架基于 Isaac Gym，借助 GPU 的高效训练，可以很快训练出正常运动的腿足机器人。但该工程中设计的强化学习方法部署到物理样机还是有很大难度，为此我们在 legged_gym 基础上改进训练方法，以物理样机部署为目标开发出 CPU 端迁移网络，完整的包已经被封装为压缩包，直接解压放在 Isaac Gym 目录下即可。由于我们修改了 PPO 算法，所以 rsl_rl 包也需修改完善。

将 legged_gym 压缩包和 rsl_rl 压缩包解压缩后呈现如图 11.9 所示文件。

下面讲解训练方法，在 legged_gym 的 envs 中有很多经典的机器人训练环境，比如宇树科技的 A1、ETH 的 anymal，同时也定义了很多山东大学研发的机器人，比如双足 SDUbipe、四足 SDUog（小四足，SDUog_160 为大四足）、六足 SDUhex、轮腿 SDUBipedWheel。下面我们以训练四足为例子进行讲解，其他机器人与之一致。

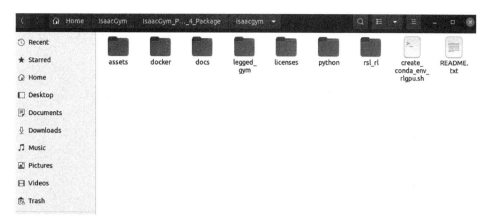

图 11.9 legged_gym 和 rsl_rl 文件包图

训练四足机器人在平坦地形下运动，进入 scripts 文件夹，打开终端，输入：

```
python train.py --task=sduog_flat --headless
```

其中--headless 表示不进行图像显示，在进行训练时不显示从而加快训练过程，训练完成后可以调用 play 进行图像渲染查看训练的效果；--task 表示要训练的机器人和环境，这里的 sduog_flat 是平坦地形下的四足机器人场景，已经定义的其他训练场景在 envs 文件夹下的__init__.py 中，如图 11.10 所示。

```
01.  from legged_gym import LEGGED_GYM_ROOT_DIR, LEGGED_GYM_ENVS_DIR
02.  ...
03.  from .SDUogModular.SDUModular_flat import SDUmodularFlatCfgPPO,SDUmodularFlatCfg
04.  from .SDUog.SDUQuad_rugged import SDUogRuggedCfg,SDUogRuggedCfgPPO
05.  import os
06.
07.  from legged_gym.utils.task_registry import task_registry
08.
09.  task_registry.register( "anymal_c_rough", Anymal, AnymalCRoughCfg(), AnymalCRoughCfgPPO() )
10.  task_registry.register( "anymal_c_flat", Anymal, AnymalCFlatCfg(), AnymalCFlatCfgPPO() )
11.  task_registry.register( "anymal_b", Anymal, AnymalBRoughCfg(), AnymalBRoughCfgPPO() )
12.  task_registry.register( "a1", LeggedRobot, A1RoughCfg(), A1RoughCfgPPO() )
13.  task_registry.register( "cassie", Cassie, CassieRoughCfg(), CassieRoughCfgPPO() )
14.
15.  task_registry.register( "sduog_flat", LeggedRobot, SDUogFlatCfg(), SDUogFlatCfgPPO() )
16.  task_registry.register( "sduog160_flat", LeggedRobot, SDUog160FlatCfg(), SDUog160FlatCfgPPO() )
17.  task_registry.register( "sduog160_rough", LeggedRobot, SDUog160RoughCfg(), SDUog160RoughCfgPPO() )
18.  # task_registry.register("sduog_flat_real",RealLeggedRobot,SDUogFlatCfg(),SDUogFlatCfgPPO()) #真实机器人上使用
19.  task_registry.register( "sduog_rough", LeggedRobot, SDUogRoughCfg(), SDUogRoughCfgPPO() )
20.  task_registry.register( "sduog_rugged", LeggedRobot, SDUogRuggedCfg(), SDUogRuggedCfgPPO() )
21.  task_registry.register( "sdubipe_rough", LeggedRobot, SDUbipeRoughCfg(), SDUbipeRoughCfgPPO() )
22.  task_registry.register( "sdubipe_flat", LeggedRobot, SDUbipeFlatCfg(), SDUbipeFlatCfgPPO() )
23.  task_registry.register( "sduhex_flat", LeggedRobot, SDUHexFlatCfg(), SDUHexFlatCfgPPO() )
24.  task_registry.register( "sduhex_rough", LeggedRobot, SDUHexRoughCfg(), SDUHexRoughCfgPPO() )
25.  task_registry.register( "sdubipewheel_flat", LeggedRobot, SDUBipeWheelFlatCfg(), SDUBipeWheelFlatCfgPPO() )
26.  task_registry.register( "sduog2bipe_flat", LeggedRobot, SDUogToBipeFlatCfg(), SDUogToBipeFlatCfgPPO() )
27.  task_registry.register( "sdumodular_flat", LeggedRobot, SDUmodularFlatCfg(), SDUmodularFlatCfgPPO() )
```

图 11.10 训练的机器人和环境

比如想训练六足机器人在复杂地形下的运动，则执行：

```
python train.py --task==sduhex_rough --headless
```

正常训练过程中，会在终端中显示训练过程，如图 11.11 所示。

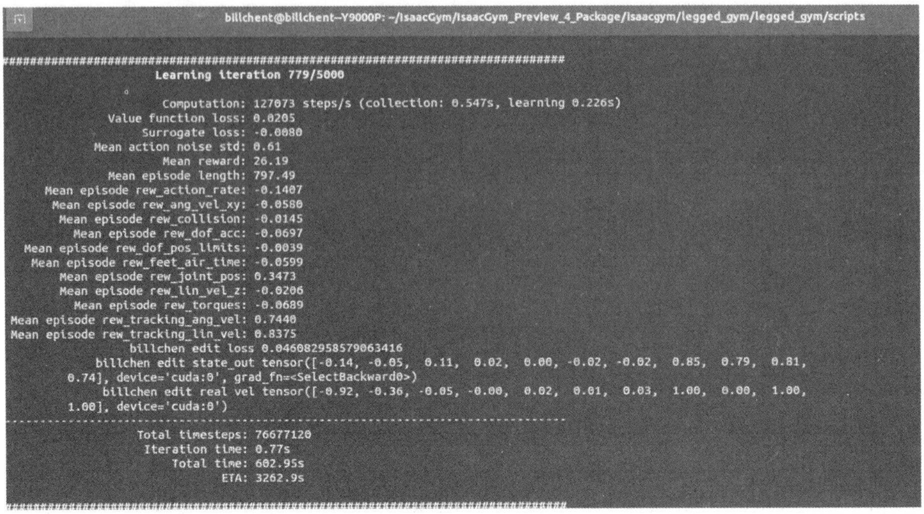

图 11.11　训练过程图

最上面一行为迭代次数，其中 5000 是设置的最大迭代次数，当前迭代到了第 779 次。下面显示了训练过程参数，这里介绍 Mean reward 参数，这个参数越大表示训练的效果越好，其他参数含义自行通过算法理解。训练过程中，会向 logs 文件夹写入训练过程文件，包括 model_*.pt 和 state_machine_*.pt，分别表示模型参数文件和状态机网络参数文件。我们写了一个 get_nn_weight.py 脚本文件，将模型参数提取为 CPU 端网络可直接使用的参数，使用方法为：

修改 get_nn_weight.py 中第 3 行的 num 为训练的第*次结果,执行该脚本将获得对应的两个 txt 文件,放到机器人控制器中可直接进行加载使用，如图 11.12 所示。

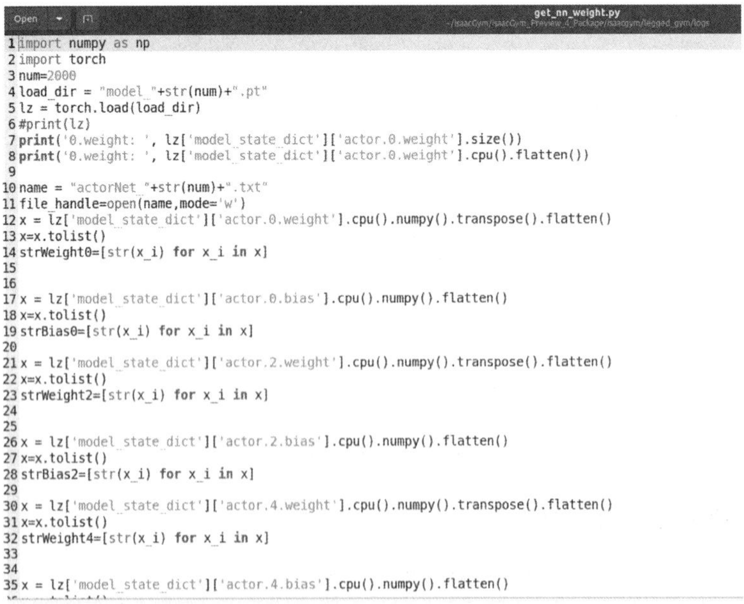

图 11.12　修改 num 并执行

比如训练了一段时间，发现迭代到 400 次时奖励值就很高了，此时可以停止训练，调用 play 查看机器人训练出来的效果：

```
python play.py --task==sduog_rough
```

注意这里 --task 后面的内容为刚才训练的，否则将找不到对应的模型文件，正常的话此时会弹出 Isaac Gym 的图形化显示界面，展示机器人的训练效果，如图 11.13 所示。

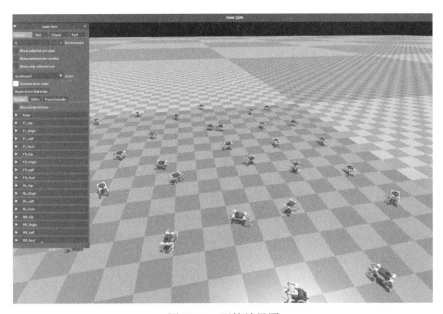

图 11.13　训练效果图

如果发现训练效果满足要求，则可以到对应的 logs 文件夹中调用 get_nn_weight.py 导出网络模型，拿到物理样机的控制器 upboard 中进行执行，如图 11.14 所示。

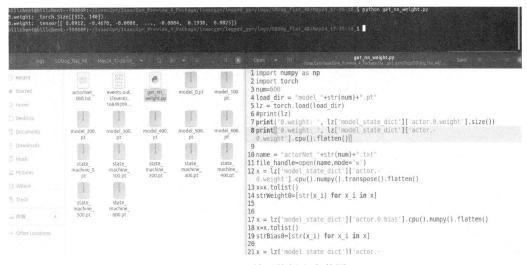

图 11.14　训练网络提取参数图

11.2.2　程序解析

与 C/C++构建的运动控制代码相比，这里的强化学习框架性的程序较多，为了仅关注核心方法同时节约篇幅，达到引导初学者快速掌握强化学习训练和部署的目的，此处仅对核心性的程序进行解析。

首先讲解机器人训练的配置参数程序：

```
1.    class SDUogFlatCfg( LeggedRobotCfg ):
2.        class env( LeggedRobotCfg.env ):
3.            num_envs = 4096
4.            num_observations =129+11  #包括:
5.            num_actions = 12  # 12 个关节位置
6.            num_states = 11  # 状态机维度
```

第 1 行，首先定义了 SDUogFlatCfg 类，其继承了 LeggedRobotCfg，该类中有多项参数；第 2 行开始定义了一个训练环境相关的类，指定了并行训练的机器人格式包括 num_envs、观测值（其中 129 是本体状态，包括机器人躯干姿态、躯干角速度、关节角度、关节速度以及历史信息等，具体内容后面获取观测信息部分会介绍；11 是状态预测信息维度，即机器人的躯干速度、四条腿的抬腿高度以及触地状态）。在 SDUogFlatCfg 中还有很多其他方面的配置参数，比如初始状态、控制方式、随机属性、地形类型等，下面再针对其中的初始状态和控制方式进行介绍：

```
1.    class init_state( LeggedRobotCfg.init_state ):
2.        pos = [0.0, 0.0, 0.42] # x,y,z [m]
3.        default_joint_angles = {
4.            'FL_hip_joint': 0.,   # [rad]
5.            'RL_hip_joint': 0.,   # [rad]
6.            'FR_hip_joint': 0. ,  # [rad]
7.            'RR_hip_joint': 0.,   # [rad]
8.
9.            'FL_thigh_joint': -0.8,   # [rad]
10.           'RL_thigh_joint': -0.8,   # [rad]
11.           'FR_thigh_joint': -0.8,   # [rad]
12.           'RR_thigh_joint': -0.8,   # [rad]
13.
14.           'FL_calf_joint': 1.6,   # [rad]
15.           'RL_calf_joint': 1.6,   # [rad]
16.           'FR_calf_joint': 1.6,   # [rad]
17.           'RR_calf_joint': 1.6,   # [rad]
18.        }
19.    class control( LeggedRobotCfg.control ):
20.        # PD Drive parameters:
21.        control_type = 'P'
22.        stiffness = {'joint': 18.} # [N*m/rad]
```

```
23.            damping = {'joint': 0.4}      # [N*m*s/rad]
24.            stiffness_noise = {'joint':2.0}  # [N*m/rad]
25.            damping_noise = {'joint': 0.2}    # [N*m*s/rad]
26.        action_scale = 0.25 # 网络输出 action 的缩放系数
27.        decimation = 4
```

在初始化状态类中，第 2 行指定了机器人默认的躯干质心位置，这里 0.42 即表示四足机器人初始位置在 z 方向高 0.42m 位置，这个数值可自行调整，其原则是初始位置时机器人的肢体自身不会互相干涉同时与地面也不会碰撞；第 3 行开始指定了机器人的每个关节的默认位置，这里 FL_hip_joint 等左侧的关节名是机器人 URDF 中指定的名称，右侧的数值是机器人静态站立时的关节角度，这里作为机器人默认的关节角度；第 19 行为机器人控制相关的类；第 21 行表示使用通过位置方式计算扭矩的 PD 控制；第 22～25 行指定 PD 控制的刚度和阻尼系数及其噪声系数；第 26 行是计算输出的动作的缩放系数；第 27 行是每更新一次策略执行的底层伺服控制次数。这些参数均为训练经验获取的参数，可根据不同机器人和任务进行修改调整。下面再介绍机器人模型文件相关配置属性参数：

```
1.    class asset( LeggedRobotCfg.asset ):
2.        file = '{LEGGED_GYM_ROOT_DIR}/resources/robots/SDUog/urdf/SDUog_48_4.urdf'
3.        foot_name = "foot"
4.        penalize_contacts_on = ["thigh", "calf"]
5.        terminate_after_contacts_on = ["base"]
6.        self_collisions = 1 # 1 disable,0 to enable...bitwise filter
7.        fix_base_link = False
8.        replace_cylinder_with_capsule= False
```

第 2 行指定了机器人的模型文件路径；第 3 行通过足端名称找到所有四足机器人的足端连杆，这里注意实际 URDF 中足端所在的连杆全称不是 foot，而是名字中带有 foot 即可；第 4 行指定不希望碰撞的连杆，这些连杆碰撞会在奖励函数中体现为惩罚，不至于导致机器人训练失败；第 5 行指定的是与地面碰撞后表示运动失败的连杆，此时需要重置环境进行新一轮的训练，这里仅有 base 即躯干与地面碰撞导致本次训练结束，很多时候不合理地指定 terminate_after_contacts_on 会导致机器人刚开始训练就结束了，使得训练不成功；第 8 行是碰撞选项，表示是否将圆柱体替换为胶囊体用来做碰撞，实验发现如果在 URDF 中较好地指定了碰撞模型就将该选项设置为 False，否则可能会造成连杆之间自身碰撞，造成训练失败。下面介绍奖励函数配置参数：

```
1.    class rewards( LeggedRobotCfg.rewards ):
2.        soft_dof_pos_limit = 0.9 #对关节极限边界值的软约束
3.        base_height_target = 0.32
4.        class scales( LeggedRobotCfg.rewards.scales ):
5.            tracking_lin_vel = 2.0
6.            tracking_ang_vel = 1.0
7.            torques = -0.0002
8.            joint_pos = 0.5
```

```
9.        # feet_air_time = 15.0        #上面全是奖励项,下面是惩罚项
10.       dof_pos_limits = -10.0        #对超过关节极限位置的惩罚项
11.       # orientation = -0.000001
12.       # feet_air_time= 15.0
```

其中第 2 行表示关节软约束,即不希望机器人运动时关节运动到极限位置,0.9 系数表示超过关节运动范围的 90%就要进行惩罚;第 3 行指定了期望的机器人高度;第 5~12 行是对应的奖励函数的系数,对每个非 0 的参数都会计算对应的奖励,系数的大小会极大地影响训练效果,其中第 5~7 行是所有机器人均需要的奖励函数,分别对应机器人线速度、角速度跟随系数和扭矩系数,扭矩系数表征不希望机器人用太多的能量来运动,期望用最小的力实现最好的运动。

还有其他相关的配置参数在此不进行一一介绍,下面介绍强化学习中很重要的奖励函数具体实现,先以躯干速度跟随奖励为例:

```
1.    def _reward_tracking_lin_vel(self):
2.        # Tracking of linear velocity commands (xy axes)
3.     lin_vel_error = torch.sum(torch.square(self.commands[:, :2] –
4.                            self.base_lin_vel[:, :2]), dim=1)
5.    return torch.exp(-lin_vel_error/self.cfg.rewards.tracking_sigma)
```

第 3 行,计算期望的机器人 x、y 方向的速度与实际机器人运动速度的误差,然后进行平方求和,这样得到了无正负符号的速度跟随误差量,跟随误差越大则计算得到的误差和越大;第 5 行对计算的误差进行 sigma 系数的归一化后加上了负号,然后取其指数形式,由于指数函数为单调递减函数,因此误差越小,取负数后对应的指数形式奖励越大,实现了跟随期望运动速度的目标奖励目的。下面再看一个惩罚形式的奖励函数:

```
1.    def _reward_torques(self):
2.        # Penalize torques
3.        return torch.sum(torch.square(self.torques), dim=1)
```

这是一个扭矩惩罚项,对每个关节施加的扭矩平方求和,相当于得到了机器人运动总的能量,计算得到的和乘以前面定义的扭矩系数(负数)则实现了惩罚的目的。

最后再看一下喂入网络的观测值:

```
1.    def compute_observations(self):
2.        """ Computes observations
3.        """
4.        self.obs_buf = torch.cat((
5.            self.projected_gravity* self.obs_scales.ang_gravity,
6.            self.base_ang_vel * self.obs_scales.ang_vel,
7.        (self.dof_pos-self.default_dof_pos)*self.obs_scales.dof_pos,
8.            self.dof_vel * self.obs_scales.dof_vel,
9.            self.actions,
10.           self.previousactions,
11.           self.prepreviousactions,
```

```
12.         self.pos_err,
13.         self.pos_err_his2,
14.         self.vel_err,
15.         self.vel_err_his2,
16.         self.dof_pos,
17.         self.commands[:, :3] * self.commands_scale,
18.         torch.zeros(self.num_envs,11,device=self.device),
19.         ),dim=-1)
20.
21.     if self.add_noise:
22.         self.obs_buf += (2 * torch.rand_like(self.obs_buf) - 1) *
23.                         self.noise_scale_vec
```

第 4 行通过 torch 的 cat 指令将后面的观测量堆叠展开为一维向量；第 5 行为重力向量投影表示的机器人姿态；第 6 行为躯干的角速度量；第 7 行为关节自由度与默认关节角度的偏差量；第 8 行为关节的角速度量；第 9~11 行为动作值及其两次历史动作值；第 12、13 行为关节位置误差历史值；第 14、15 行为速度误差历史值；第 16 行为关节角度值；第 17 行为期望运动指令；第 18 行暂时填充为 0，其后面会替换为监督学习获得的状态估计值（躯干速度、抬腿高度和触地状态）。上述观测量的顺序没有特别要求，只要满足训练时的顺序与部署时一致即可，但观测量的种类选取对机器人运动训练具有重要影响。上述选取的观测值也一定是最佳，但其是经过多次迭代试错找出的合理值，其中历史值对机器人训练过程影响十分大，或者说对样机部署起到关键作用，其原因有待各位读者自行探索。

11.2.3　仿真验证

由于本书采用的双足、四足、六足等腿足机器人结构复杂，成本高，若是贸然在实体机器人上进行实验，很可能会产生机器人自身损伤、机器人伤人等危险情况。同时考虑到深度强化学习对足够多的训练次数的要求，机器人可以先在仿真环境中采用深度强化学习算法进行训练，直到训练成功再将算法进一步移植到实体机器人上。

11.2.3.1　仿真平台

本节使用的仿真平台是 Isaac Gym，该平台可以直接部署在 GPU 上为各种机器人任务训练策略。其中物理模拟与神经网络训练均可以在 GPU 中执行，并直接将数据从物理缓冲区传递到 PyTorch 张量中进行通信，整个过程不会遇到任何的 CPU 数据传输瓶颈。与使用基于 CPU 的模拟器和用于神经网络的 GPU 的传统 RL 训练相比，该平台使得复杂机器人任务的训练速度提升了 2~3 个数量级。

11.2.3.2　参数设置

针对任务目标，我们将并行仿真训练的机器人数量 N_{robot} 设为 4096，每次迭代收集

的数据量 T_{step} 设为 24，因此总的 Batch size（批量大小）为 98304。为了实现小批量更新，我们将 Mini Batch size（最小批量大小）设为 24576。参数更新的次数 Epoch 设为 8，因此每次迭代中可以进行 32 次参数更新，更新时学习率设为 $1×10^{-3}$。所有的网络的学习率与 Batch 设置相同。此外，关节的扭矩是通过 PD 控制器求解，其中 k_p 设为 20，k_d 设为 0.5。

11.2.3.3　实验结果

我们依照真实世界下的双足、四足、六足机器人的物理参数建立对应的 URDF 文件。一些参数如转动惯量、质心等通过 SolidWorks 基于模型的轮廓与质量自动生成的。Isaac Gym 将 URDF 文件读入仿真环境中，使用 PhysX 物理引擎后能够模拟真实世界下机器人的物理特性。我们使用 PyTorch 来部署网络模型与 PPO 算法，将仿真运行在 200Hz 的频率下。此外，将仿真中的所有数据放入显存中，借助 GPU 强大的并行计算能力，同时部署了 4096 只机器人进行仿真。

仿真训练中设置 x 轴方向最大线速度为 2.0m/s，y 轴方向最大线速度为 0.5m/s，偏航角速度最大为 1rad/s，经过 5000 次的迭代，我们完成了训练，训练效果如图 11.15 和图 11.16 所示。

　　　(a) 双足　　　　　　　　　(b) 四足　　　　　　　　　(c) 六足

图 11.15　平坦地形下双足、四足、六足训练过程图

　　　(a) 双足　　　　　　　　　(b) 四足　　　　　　　　　(c) 六足

图 11.16　起伏地形下双足、四足、六足训练过程图

下面以四足机器人训练数据展示提出的强化学习框架效果。图 11.17（a）展示了单个机器人在每个 episode 下的总 reward（奖励）。可以看出在经过约 6000 次迭代以后总 reward 趋于平稳，经过 5000 次迭代以后会收敛在 43 左右。图 11.17（b）展示了机器人在追踪期望线速度与角速度下的奖励。可以看出追踪线速度的奖励最终收敛在 1.9 左右，追踪角速度的奖励最终收敛在 0.8 左右。根据奖励函数可以得出最终线速度与角速度奖励的

最大值分别为 2.0 与 1.0，这表明在仿真中机器人已能够很好地实现线速度与角速度的追踪任务。图 11.17（c）展示了训练过程中其他奖励函数的收敛情况，最慢的大概需要 4500 次迭代才能达到收敛，这表明经过 5000 次迭代后机器人已能够实现自然、平滑的运动。

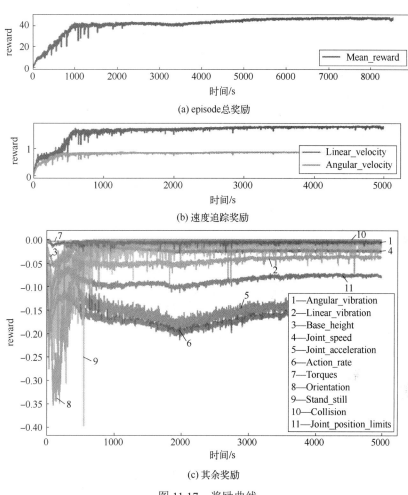

(a) episode总奖励

(b) 速度追踪奖励

(c) 其余奖励

图 11.17　奖励曲线

11.2.4　物理样机验证

下面以四足机器人物理样机实验部署与实验效果为例进行说明。

11.2.4.1　模型部署

参见 11.1.2 节步骤③④。

11.2.4.2　多方向运动测试

在室内对机器人进行了多方向运动的测试，测试的结果如图 11.18 所示。图 11.18（a）

展示了机器人在平面中水平方向的运动，过程中机器人的最高速度可以达到 2.5m/s。图 11.18（b）与（c）分别展示了机器人在平面中右转与左转运动。根据设定的期望指令，机器人能够成功跟随指令，完成运动。图 11.19 展示了机器人的测试曲线，可以看出在运动过程中，对角腿的相位基本一致，运行的步态与 Trot 步态极其相似，客观上这与自然界中四足哺乳动物一般使用对角步态运动的自然属性一致，这与生物学家对动物运动步态与能耗的分析相对应，即四足对角步态是一种高能效行走方式。

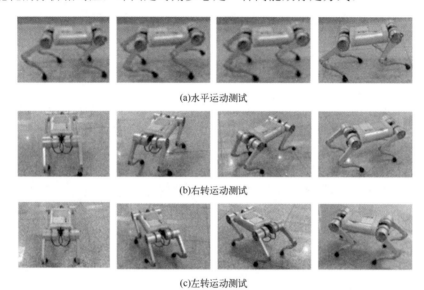

(a)水平运动测试

(b)右转运动测试

(c)左转运动测试

图 11.18　多方向运动测试

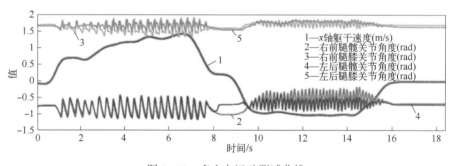

图 11.19　多方向运动测试曲线

11.2.4.3　复杂地形测试

我们将机器人移至室外进行复杂地形测试，测试结果如图 11.20 所示。图 11.20（a）展示了机器人在公路上的运动结果，在与室内摩擦力差异较大的情况下机器人依旧很好地适应路况。图 11.20（b）展示了机器人在具有坡度的草地中的运动结果，草地中地面崎岖不平，可能存在绊倒机器人足端的草根，同时具有一定的坡度，在测试中机器人能够根据坡度改变俯仰角度，并能够根据地面崎岖度提高抬腿高度，同时改变足端的刚度以适应突发情况。

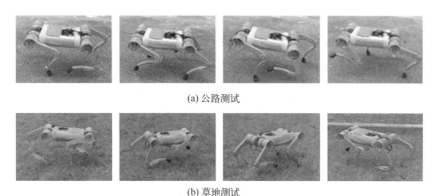

(a) 公路测试

(b) 草地测试

图 11.20　复杂地形测试

11.2.4.4　鲁棒性测试

为了模拟机器人在现实生活中可能出现的扰动，人为地用脚踹机器人躯干质心处，测试结果如图 11.21 所示。可以看出机器人在受到横向扰动以后，四条腿能够快速调节，稳定姿态角。图 11.22 给出了调整过程中机器人质心处 y 方向的速度与横滚角调整曲线，受到扰动后，在 y 方向速度达到 0.1m/s，横滚角达到 0.2rad 时，机器人能够快速调整姿态，实现动态稳定。相比于第 3 章介绍的建模控制方法，通过强化学习训练的机器人在侧向冲击实验中可抵御更大的冲击，并且其调整量更小，即训练出来的机器人控制器在外力扰动方面的鲁棒性更好。

图 11.21　鲁棒性测试

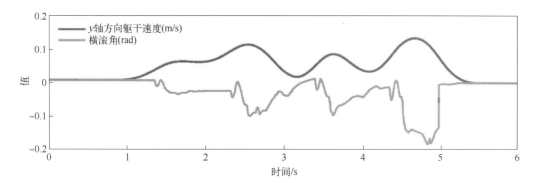

图 11.22　鲁棒性测试曲线

思考与作业

① 尝试搭建 Isaac Gym 训练环境，通过提供的软件包进行双足、四足机器人训练，复现本章训练效果。

② 尝试修改网络框架、奖励函数参数或者加入先验参考轨迹等方法，自行探索四足机器人新模式运动，并提升机器人运动性能。

参考文献

[1] Margolis G B, Yang G, Paigwar K, et al. Rapid Locomotion via Reinforcement Learning[J]. The International Journal of Robotics Research, 2024, 43(4): 572-587.

[2] Hwangbo J, Lee J, Dosovitskiy A, et al. Learning agile and dynamic motor skills for legged robots[J]. Science Robotics, 2019, 4(26): eaau5872.

[3] Lee J, Hwangbo J, Wellhausen L, et al. Learning quadrupedal locomotion over challenging terrain[J]. Science Robotics, 2020, 5(47): eabc5986.

[4] Makoviychuk V, Wawrzyniak L, Guo Y, et al. Isaac Gym: High Performance GPU Based Physics Simulation For Robot Learning[C]//35th Conference on Neural Information Processing Systems, 2021.

[5] Ji G, Mun J, Kim H, et al. Concurrent training of a control policy and a state estimator for dynamic and robust legged locomotion[J]. IEEE Robotics and Automation Letters, 2022, 7(2): 4630-4637.